刀具黏结破损的行为与机理

张 为 郑敏利 陈金国 李 哲 著

科学出版社

北 京

内 容 简 介

本书系统介绍了作者及其研究团队关于硬质合金刀具黏结破损问题的研究成果。书中内容涉及金属切削、材料学、力学、传热学、统计学等多学科基础理论，采用包括数学建模、解析计算、模拟仿真分析、试验观测在内的多种研究方法，结合大量的研究实例，系统、多尺度地阐述了刀具黏结破损过程中的材料本构、力热特性、元素扩散、疲劳损伤、裂纹扩展、失效机理及预报等关键科学问题，获得了硬质合金刀具黏结破损形成的力热分布条件，表征了硬质合金刀具前刀面黏焊变质层、元素扩散层组织结构演变的损伤行为，阐明了硬质合金黏结破损的失效本质与机理，丰富和完善了金属切削刀具失效的相关基础理论，对于切削加工，尤其是重型切削加工中，刀具的设计与合理选择、延长使用寿命有指导作用。

本书可作为金属切削加工与刀具领域研究和开发人员、工程技术人员的参考用书，也可为机械类相关专业教师和学生提供参考。

图书在版编目(CIP)数据

刀具黏结破损的行为与机理/张为等著. —北京：科学出版社，2023.3
ISBN 978-7-03-068840-8

Ⅰ. ①刀⋯ Ⅱ.①张⋯ Ⅲ. ①刀具（金属切削）—破损—研究 Ⅳ. ①TG7

中国版本图书馆 CIP 数据核字（2021）第 093396 号

责任编辑：姜 红 韩海童 / 责任校对：邹慧卿
责任印制：吴兆东 / 封面设计：无极书装

*科学出版社*出版
北京东黄城根北街 16 号
邮政编码：100717
http://www.sciencep.com

*北京中石油彩色印刷有限责任公司*印刷
科学出版社发行 各地新华书店经销
*
2023 年 3 月第 一 版 开本：720×1000 1/16
2023 年 3 月第一次印刷 印张：12 1/2
字数：252 000

定价：118.00 元
（如有印装质量问题，我社负责调换）

前　言

　　金属切削刀具是机床的牙齿，其使用性能和寿命一直是加工制造领域研究的热点问题。近年来，伴随着材料技术的不断进步以及工件的强度、韧性、稳定性等性能不断提高，需要提高刀具的使用性能、延长使用寿命，来保证难加工材料的加工效率。硬质合金刀具以其高硬度、高强度、耐磨性好、抗冲击性强、耐热性好、物理性能好和化学性能好等显著优点，已成为金属切削加工领域，特别是在断续切削或切削余量不均匀的加工过程中，应用最广泛的切削刀具。作者所在的研究团队在与中国一重集团有限公司的长期科研合作中发现，超重型的热壁加氢反应器筒节在切削过程中，大切削用量和锻件表面不均匀的切削余量，使得刀具易发生黏结破损。其直观表现为成块的刀具前刀面材料随切削运动被带走导致的刀具失效，在具体形式上类似于黏结磨损的不断累积、堆积，其形成原因主要与刀-屑界面亲和元素的相互扩散密切相关，但与扩散磨损的本质有所区别。本书是对硬质合金刀具黏结破损问题相关研究成果的总结，希望能给金属切削与刀具领域的研究工作者和工程技术人员提供一些新的思路和参考，起到抛砖引玉的作用，共同推动学术进步与产业发展。

　　本书从重型切削刀具中黏结破损的形成原因入手，研究刀-屑同族元素亲和性与扩散动力学特性变化规律，结合热力耦合场分析与重型切削过程仿真，阐明刀具前刀面黏焊层、元素扩散层组织结构演变规律；进一步分析刀具前刀面的温度分布以及刀-屑界面元素的浓度分布，建立元素浓度与磨损量之间的关系模型；分析硬质合金刀具疲劳损伤行为，探究元素扩散所形成的黏焊层内裂纹扩展特性，获得裂纹对黏焊层剥离的影响规律；最终揭示刀具黏结破损的失效机理，实现硬质合金刀具黏焊层识别和黏结破损量预报。

　　全书共分 7 章。第 1 章为绪论，主要介绍了硬质合金刀具的分类、主要失效形式及原因，以及黏结破损问题的发现与提出等内容。第 2 章阐述了基于试验的典型工件材料本构关系模型的建立，它是刀具黏结破损过程力热特性分析和损伤机理分析的基础。第 3 章为硬质合金刀具黏结破损过程的力热特性分析，阐述了刀-屑界面接触应力分布和温度分布的基本模型和分析结果。第 4 章为刀具前刀面接触区的元素扩散行为分析和分子动力学模拟，给出了刀具黏结破损成因。第 5 章阐述了硬质合金刀具黏结破损的损伤形式和疲劳特性，建立了基于强度退化理论的硬质合金刀具疲劳损伤模型。第 6 章从硬质合金刀具前刀面黏焊层裂纹扩展特性方面，分析了刀具前刀面黏焊层剥离的原因。第 7 章阐述了硬质合金刀具黏结破损的机理，划分了刀具黏结破损的四个基本阶段，并建立黏结破损预报模型。

特别感谢研究团队中的研究生，他们是博士研究生杨琳、高思远、张湘媛，硕士研究生冯景洋、孙玉双、程超、陈修奇、吴磊、都晓峰、李健男、张跃、陈保良、徐鸿旭、朱传海、童猛、陈贤治、周明佳、李永福、李龙、翟全鹏。他们在攻读学位期间对本书的理论分析与试验研究等方面做出了很多有意义的工作。也要特别感谢孙永雷、赵东旭、曾瑶瑶、王伟然、赵思航、李康宁、么明壮、司博文等硕士研究生在本书初稿整理和修改过程中所做的工作。

还要感谢国家自然科学基金项目"高效重型切削简节材料刀具粘结破损机理研究"（项目编号：51075109）、"重型切削中硬质合金刀具前刀面黏焊变质层损伤机理研究"（项目编号：51575146）的支持。同时，感谢哈尔滨理工大学机械工程"高水平大学"特色优势学科建设项目、先进制造智能化技术教育部重点实验室、高效切削及刀具国家地方联合工程实验室对本书出版给予的经费支持。

由于作者水平有限，书中不足之处在所难免，衷心希望得到读者的批评指正。

张 为

2022 年 1 月

目　　录

第1章 绪 论

1.1 概 述

重型切削加工过程中，由于切削力大、切削温度高、切削用量大，加工刀具的使用寿命问题尤为突出。在哈尔滨理工大学与中国一重集团有限公司的长期合作中，对筒节材料（2.25Cr1Mo）的刀具黏结破损问题研究发现，在重型切削条件下，超强热力耦合场的作用加剧了刀-屑同族元素亲和性所引起的扩散，由此引起前刀面表层和亚表层组织结构改变，使刀具前刀面与切屑紧密结合，刀-屑间发生比较牢固的黏焊。与此同时，切屑的不断流动加剧了刀具前刀面亲和元素的流失，直至在前刀面处产生刀具黏结破损，如图1-1所示。

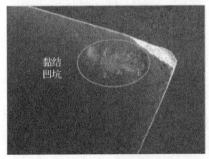
（a）刀具前刀面处的黏结凹坑

（b）放大600倍后的黏结凹坑

（c）放大3000倍后的黏结凹坑

图1-1 刀具前刀面处黏结破损

近年来，随着材料技术的不断进步，其强度、韧性等性能不断提高，对加工和刀具技术提出了更高要求，需要提高刀具的使用寿命，实现难加工材料的加工。以高压热壁加氢反应器筒节为例，其现场加工如图 1-2 所示，该吨位已由 400t 提高为 1000t，材料由 2.25Cr1Mo 发展为 3Cr1Mo0.25V 和 2.25Cr1Mo0.25V 两种新材质，切削余量大幅度增加，筒节材料高温韧性、强度和黏结性的增大，更容易发生刀具的黏结破损。

刀具的黏结破损是黏结和扩散综合作用的结果。在断续切削时，刀具的黏结破损严重，降低了刀具的耐用度和生产效率，并且影响加工表面质量。为此，针对重型切削刀具中的黏结破损问题，研究刀-屑同族元素亲和性与扩散动力学特性变化规律，结合热力耦合场分析与重型切削过程仿真，阐明刀具前刀面黏焊层、元素扩散层组织结构演变规律；进一步分析刀具前刀面的温度分布以及刀-屑界面元素的浓度分布，建立元素浓度与磨损量之间的关系模型，探究元素扩散所形成的黏焊层内裂纹扩展特性，获得裂纹对黏焊层剥离的影响规律，揭示硬质合金刀具黏结破损的损伤行为与失效机理，对于提高切削刀具使用寿命，丰富和完善切削刀具设计有着重要的理论价值与现实意义。

图 1-2　高压热壁加氢反应器筒节的现场加工

1.2　硬质合金刀具的分类、特点及刀-屑元素扩散行为

1.2.1　硬质合金刀具分类及特点

硬质合金刀具具有高硬度、高强度、耐磨性好、抗冲击性强、耐热性好、物理性能好和化学性能好等优点，成为金属切削领域应用最广泛的加工刀具。

20 世纪初，德国科学家 Karl Schroter 利用粉末冶金法，将碳化钨（WC）粉末与少量铁族元素混合烧结，研制出了硬质合金材料。在随后的工业发展中，硬质合金材料由于战争的需求开始大量使用，直到 20 世纪 50 年代，由于难加工材料的不断发展，普通材料的刀具已经无法满足产品的生产效率和加工质量，便产生了硬质合金刀具，这种刀具的出现大大提高了产品的加工性能。目前，已经研究出了很多新型的刀具材料，但硬质合金仍在刀具材料中占有重要地位。硬质合金刀具主要包含以下几种。

1. 碳化钨基硬质合金刀具

碳化钨基硬质合金刀具主要包括 YG 类（WC-Co）、YT 类（WC-TiC-Co）、YW 类［WC-TiC-TaC(NbC)-Co]。YG 类硬质合金刀具具有较好的导热性、耐冲击性和抗断裂韧性，但相比于 YT 类硬质合金刀具，其硬度和耐磨性有所降低，适用于耐磨钢、铸铁件等脆性材料的粗加工。而 YT 类硬质合金刀具由于加入了碳化钛（TiC），增加了 Ti 元素，相对于 YG 类硬质合金刀具，其磨损性和韧性差，硬度，高抗氧化性好，但抗冲击能力差，加工过程易发生断裂，所以 YT 类硬质合金刀具适合加工以钢为代表的塑性材料。YW 类硬质合金刀具是在 YT 类硬质合金的基础上添加了碳化钽（TaC）或碳化铌（NbC），具有高的抗弯强度、冲击韧性、高温硬度以及耐磨性，适用于加工耐热钢、高锰钢、不锈钢等难加工材料。

2. 碳化钛基硬质合金刀具

碳化钛基硬质合金刀具的主要硬质相为 TiC，黏结剂有 Ni 和 Mo。相对于上述的碳化钨基硬质合金刀具来说，碳化钛基硬质合金刀具耐磨性更高，普遍应用于加工工具钢或淬硬钢。

3. 表面涂层硬质合金刀具

表面涂覆一层难溶的金属碳化物或氮化物的硬质合金刀具称为表面涂层类刀具，涂层起到屏障温度和刀-屑元素扩散以及抗氧化作用，这样使得刀具表面变得更硬、更耐磨。涂层刀具虽有诸多优点，但表面涂层会使得刀具切削刃锋利程度和抗崩刃能力降低。因此，涂层刀具不适合极限重载荷和断续切削状态下的粗加工，一般用于半精和精加工。

根据各种硬质合金的材料以及适用性能，选择适合加工 2.25Cr1Mo0.25V 材料的硬质合金刀具变得尤为重要。目前，大型 2.25Cr1Mo0.25V 材料铸造件粗加工一般采用 YT 类硬质合金刀具，主要是由于材料铸造的毛坯件是采用直接锻造而成，锻造过程中表面避免不了会出现大裂纹、氧化皮、夹渣、夹砂及余量不均等缺陷，同时此材料又是具有耐高温、高强度的难加工材料，这样会使硬质合金刀具在加工过程中由于承受较高热波动和机械耦合冲击载荷导致黏结破损严重，进而使生产效率降低，这成了企业在机械加工过程的难点问题之一。

1.2.2 刀-屑元素扩散行为

2.25Cr1Mo0.25V 材料具有很高的塑性和黏结性，并且与刀具的元素具有亲和性。这种材料在切削加工过程中塑性变形严重，使刀-屑紧密接触，在一定的温度条件下，刀-屑亲和元素之间相互扩散。随着切屑的流走，刀具部分元素会流失，引起刀具材料中的元素浓度改变，刀具容易发生磨损与破损，最终导致刀具失效，影响刀具的切削状态和切削性能。

在切削过程中，切削参数的改变，会引起切削力和切削热改变，进而影响元素扩散进程。国内外学者为了探究刀-屑元素扩散机制，结合扫描电子显微镜（scanning electron microscope，SEM）分析和能谱分析观测元素变化情况，发现较厚的扩散层和刀具中 Co 原子间较大的间隙破坏了刀具表面初始致密组织，并在切削过程中发现形成含有 Co 的共析物 Co-CoAl，同时还发现了黏附、扩散、摩擦和磨损造成刀具的前刀面缺陷的相关机制[1-2]。切削参数改变的同时也改变了切削温度和切削力，然而关于温度改变如何影响元素扩散的研究较少[3]。

在对扩散进行研究的同时，发现刀具前刀面产生严重的刀-屑黏结甚至破损现象。针对元素扩散如何影响切削刀具表面这一问题，国内外学者发现元素扩散使刀具边界组成发生变化，增加了切削刃机械损伤的可能性，而且还通过试验发现刀-屑之间的元素扩散程度取决于接触面积和接触温度，还发现在不同切削速度下新产生的材料降低了刀具硬度和结合强度[4-6]。在扩散偶试验中，相关的专家发现了当温度达到 800℃时刀-屑发生明显的扩散行为，造成扩散偶连接界面处组织结构发生变化，认为 Co 的扩散使硬质合金中 WC 晶粒从刀具前刀面剥离，加剧了刀具的月牙洼磨损；同时利用模拟刀具与工件间的元素扩散，证实刀具与工件之间的原子相互扩散是刀具出现刀-屑黏结的主要原因，而且还在铝合金与镍基涂层界面的元素扩散情况中得知温度和时间的增加能够提高 Co 元素向涂层扩散的性能[7-10]。

1.3 刀具失效的一般形式和机理

1.3.1 刀具磨损方式分析

在金属的切削加工过程中，刀具的前、后刀面与工件紧密接触，同时在接触区域内发生剧烈的摩擦，并产生了很高的温度和压力。正是这种复杂的摩擦作用使得刀具的前、后刀面在切削过程中产生一定程度的磨损。

1. 前刀面磨损

前刀面磨损即月牙洼磨损：当刀具的耐热性和耐磨性较差时，且在切削速度较高、切削厚度较大的情况下加工塑性金属时，刀具前刀面刀-屑接触区会出现一个月牙洼。在切削刃与月牙洼之间存在一条小棱边。同时月牙洼会随着磨损过程的进行不断发生扩展，极易导致崩刃。KT、KB 分别表示月牙洼的磨损深度以及切削刃与月牙洼最大深度位置之间的距离。KM 表示月牙洼最低点到月牙洼边界的距离。

2. 后刀面磨损

工件的被加工表面与刀具后刀面之间的相互摩擦作用，使得后刀面在临近切削刃的区域快速被磨成后角为零的小棱面，刀具磨损示意图如图1-3所示。由图可知，在实际切削过程中，因切削刃上各部位的强度和散热情况不一致，刀具的磨损分为刀尖磨损、主沟槽磨损及中间部位磨损。其中 VC 为刀尖磨损的最大值、VN 为主沟槽的磨损量、VB 为靠近切削刃中部的磨损、b 为后刀面磨损带长度。在切削塑性金属过程中，切削速度较低时，刀具磨损一般兼有前刀面磨损（月牙洼）和后刀面磨损这两种方式，而切削速度较大时，前刀面磨损为刀具的主要磨损形式[11]。

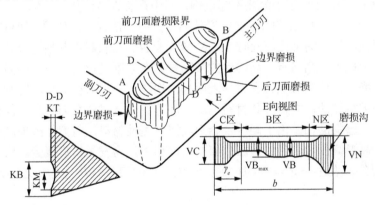

图1-3 刀具磨损示意图

3. 前刀面和后刀面同时磨损

这是一种兼有上述两种形式的磨损形式。在切削塑性金属时，经常会发生这种磨损。

1.3.2 刀具磨损机理分析

1. 磨料磨损

磨料磨损为工件材料中一些硬质点或积屑瘤碎片在摩擦表面上运动而造成刀

具表面磨损。当两个表面的硬度相差不大且都较小时，磨粒会同时嵌入刀-屑接触之间的表面上，那么磨粒可能会在与运动平行的平面上被剪断；当一个表面与另外一个表面硬度相差很大时，磨粒在较软的表面比硬的表面嵌入的大，那么磨粒在两个平面相互运动时会起到微切作用；当两个表面硬度相差不大且硬度都较大时，磨粒不会嵌入刀-屑接触之间的表面上，那么磨粒在上下表面对其的摩擦作用，会受到力偶作用，在刀-屑摩擦表面上滚动，受到反复压力作用而疲劳，形成疲劳碎片而脱落，如图1-4所示。

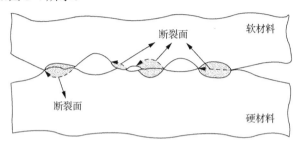

图1-4 工件与刀具表面的真实接触部分

2.25Cr1Mo0.25V钢是耐热不起皮钢，其中含有许多诸如Cr、Ti、Ni、Mo、V等高熔点元素。其中Cr和Mo在铁素体当中具有固溶强化的作用，使材料保持了良好的塑性和较高的强度，同时Ti、V等元素也会与材料中其他非金属C、B等相结合，形成具有高熔点、高硬度的微颗粒。在切削过程中，前刀面刀工接触区受到剧烈摩擦，这些微颗粒在刀具表面划出沟纹，出现磨粒磨损，同时刀具在切削过程中因机械冲击会使刀具材料剥落，剥落的刀具材料在刀具和工件材料之间同样会发生磨料磨损。由于硬质合金刀具属于脆性材料，前刀面磨损区域微小颗粒形貌在高温高压和强烈的挤压摩擦共同作用下，易发生压痕疲劳。压痕周围迅速产生裂纹并发生一定程度的扩展，使得微小的刀具材料与基体之间发生断裂分离。

2. 扩散磨损

扩散是指刀具和工件的新鲜表面始终接触，由于新鲜表面有很大的活性，在高温高压的作用下，会使刀具与工件材料中的元素相互溶解和扩散。由于刀具和工件材料组分之间的元素浓度差，刀具材料中C、Co、Ti元素向工件材料扩散，同时Fe元素也会向刀具材料扩散，切削过程中的相互溶解是连续进行的，从而在工件材料表面形成增碳层和WC，在Fe基中形成固溶体或铁钨金属间化合物（$Fe_xCo_yW_zC$），然后被流经前刀面的切屑带走，使刀具表层结构发生变化，刀具表面层发生脱碳弱化，从而引起刀具扩散磨损，如图1-5所示。

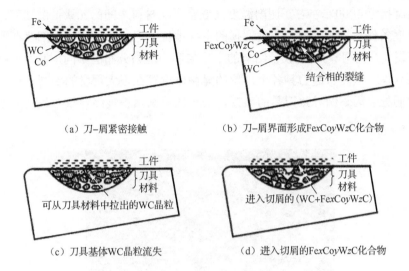

（a）刀-屑紧密接触 （b）刀-屑界面形成FexCoyWzC化合物

（c）刀具基体WC晶粒流失 （d）进入切屑的FexCoyWzC化合物

图 1-5　刀具扩散磨损过程

图 1-6（a）为刀具前刀面月牙洼磨损，通过扫描电子显微镜对磨损区域进行能谱分析，发现大量的工件材料元素出现在磨损区域内，如 Fe、Mn 等，如图 1-6（b）所示，说明磨损过程在热-机械载荷的作用下出现了刀具与工件材料间的元素扩散，刀具表面存在着一定的扩散磨损。

3. 黏结磨损

当工件材料与刀具材料中的固体金属相之间的距离达到原子间距离，这两种材料结合在一起所产生的现象称为黏结。在金属切削过程中，切屑连续不断地流经前刀面，接触面上的凸峰相互摩擦，同时在高温的作用下，接触区工件材料的硬度急剧下降并且其屈服极限为室温条件下的 1/20～1/10，而前刀面上的法向应力并不下降，相当于表面压力比室温时大 10～20 倍，刀具在很大的法向应力的作用下产生塑性变形，材料间距离达到原子距离，刀具和切屑发生元素扩散，从而使刀具和切屑紧密结合。由于工件材料强度小、硬度低，工件材料的质点就黏着到刀具表面，促使微观黏焊形成。随着切削不断进行，在刀具与切屑界面的接触点上不断地黏焊与剪断，使刀具前刀面发生黏结磨损。

总的来说，硬质合金刀具的磨损是一个比较复杂的综合过程。以往的研究结果表明，硬质合金刀具切削金属材料时，当刀-屑接触区切削温度高于 600℃时，扩散磨损和黏结磨损为刀具主要磨损机制，当切削温度逐渐升高，扩散磨损占主导地位[12-13]。在切削 2.25Cr1Mo0.25V 材料实际加工条件下，前刀面刀-屑接触区切削温度接近 1000℃左右。切削温度高低会影响材料之间的元素扩散速率，所以在此温度条件下扩散磨损占刀具磨损的主导地位。但是刀具材料内部存在微观缺陷（微裂纹、孔洞等），造成了结构的不均匀和内应力分布的不同，使刀具材料局部各向异性，从而引起刀具各个部位的显微硬度存在很大程度的不同。在刀具的强度薄弱处会因黏结导致刀具的磨损，磨损的不断累积最终导致刀具前刀面的黏结破损。

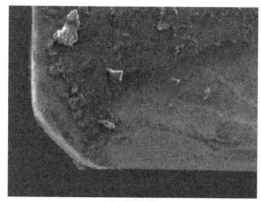

（a）前刀面磨损

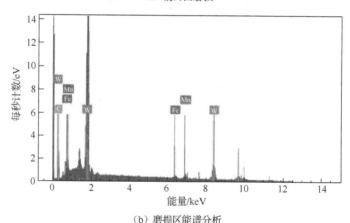

（b）磨损区能谱分析

图 1-6　刀具前刀面磨损

1.3.3　刀具黏结破损形式

切削加工中，刀具失效的原因之一就是刀具黏结破损。特别是脆性刀具材料做断续切削时常发生刀具黏结破损，加工高硬度材料的刀具黏结破损现象更加严重。刀具的破损主要分为两种情况，一种是早期破损，另一种为后期破损。第一种破损情况即早期破损常常发生在切削刚开始或者是切削后短时间内。这种情况下刀具切削时的冲击次数≤103 次，这时，前、后刀面尚未产生明显的磨损（一般 VB≤0.1mm）。而后一种破损情况即后期破损则发生在加工一段时间后，刀具材料由于机械疲劳或热疲劳引起的破损。在使用硬度高、脆性大的刀具如硬质合金、陶瓷等进行切削时，由于受到机械冲击和热冲击，刀具通常会发生以下几种破损，如图 1-7 所示。

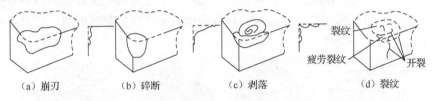

（a）崩刃　　　　　（b）碎断　　　　　（c）剥落　　　　　（d）裂纹

图 1-7　刀具黏结破损形式示意图

1. 崩刃

崩刃是指在切削刃上出现小的缺口，一般情况下，缺口的大小与进给量相当或稍大一些，但仍能继续切削。在陶瓷刀具、硬质合金刀具断续切削时最易发生崩刃现象，崩刃又分单个崩刃和多个崩刃，如图 1-7（a）所示。

2. 碎断

碎断是指在切削刃上发生小块碎裂或大块碎裂导致不能正常切削，如图 1-7（b）所示。但一般主刀刃上出现小碎裂，重磨后可以再次使用，若随着切削继续进行，刀尖处再次发生大块断裂，则不能重磨后继续使用，一旦较长时间断续切削不及时换刀，将会出现因疲劳而断裂。

3. 剥落

发生在前、后刀面平行于切削刃上剥落一层贝壳状碎片，通常连切削刃一起剥落。剥落是一种断续切削过程中早期的破损现象，如图 1-7（c）所示。

4. 裂纹

经过较长时间的断续切削，在前、后刀面会发生破损现象，既存在热裂纹又存在疲劳裂纹。裂纹一旦不断扩张会引起切削刃的碎裂或断裂。热裂纹是由于热冲击引起的垂直或倾斜于切削刃的裂纹，疲劳裂纹是由于机械冲击而产生的平行于切削刃或呈网状的裂纹，如图 1-7（d）所示。

1.4 硬质合金刀具失效中的黏结破损

1.4.1 刀具失效的演变规律

在进行 2.25Cr1Mo0.25V 材料的断续切削试验时发现硬质合金刀具的典型失效形式不仅包括磨损同时还伴随着一定程度的破损（包括黏结破损、崩刃及冲击破损），如图 1-8 所示。

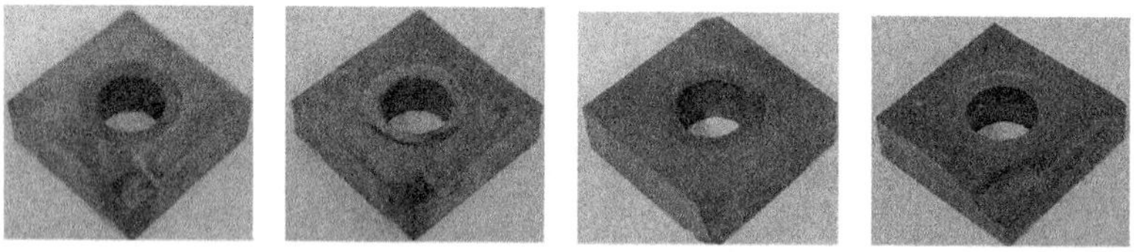

（a）月牙洼磨损　　（b）黏结破损　　（c）崩刃　　（d）冲击破损

图 1-8　刀具失效形式

刀具的磨损主要以磨粒磨损、扩散磨损、氧化磨损等为主，而破损主要以黏结破损、冲击破损等为主。在切削加工初期，刀具前刀面刀工接触区刀-屑发生剧烈的摩擦，导致刀具的前刀面出现了一定程度的磨损，当刀具的强度逐渐减弱时，刀具所承受的载荷会超过刀具自身的脆性断裂极限，因此刀具会随机发生崩刃或冲击破损现象；当前刀面刀-屑接触区的刀具和切屑之间的亲和元素相互扩散、熔融和再结晶，由于刀-工间亲和元素结合，切屑容易黏结在刀具前刀面上，刚开始黏结点材料不会被切屑带走，而是随着切削过程会逐渐生长成为愈加牢固的黏焊层。在高温和强机械载荷作用下，刀具基体损伤不断累积，裂纹经过成坯、孕育、扩展和汇合等一系列过程，使黏焊层与刀具基体间的结合力小于材料的剪切条件，造成刀具前刀面黏结磨损，黏结磨损的不断累积最终导致刀具前刀面的黏结破损；同样刀具前刀面发生黏结磨损的同时，随着刀-屑之间亲和元素的扩散，刀具基体 Co、W 元素的缺失，引起刀具存在裂纹、空洞等微观缺陷，导致刀具的强度和耐磨性降低，最终也会导致刀具黏结破损。因此，刀具失效形式是随着切削时间不断演变的，是磨损和破损综合作用的结果。

1.4.2 黏结破损问题的提出

在采用硬质合金刀具进行诸如大型热壁加氢反应器筒节锻件等大型、超大型零件切削加工时，受超大进给量和背吃刀量引起的高温高压影响，刀具黏结破损严重，刀具黏结破损如图 1-9 所示。其直观表现为大块的刀具前刀面材料随切削运动被带走导致刀具失效，在具体形式上类似于黏结磨损的不断累积、堆积，形成原因又与扩散磨损相似，但前刀面黏结点处的结合面积和结合应力都远远超出与常规切削中刀具黏结磨损中的金属黏着，也与扩散磨损的本质有所区别。

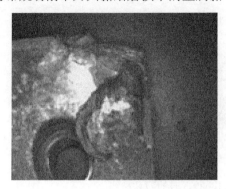

图 1-9 筒节材料刀具黏结破损

重型、超重型切削在高温高压条件下，刀-屑界面的亲和元素会相互扩散、熔融和再结晶；与黏结磨损和扩散磨损不同的是，刀具内合金元素随着扩散的贫化和富化并不严重，而在刀具前刀面上，由于刀-工间亲和元素结合产生比较牢固的局部黏结，黏结点材料初始也并未被切屑带走，其随着切削过程会逐渐生长并愈加牢固，在刀具前刀面形成黏焊层；但随着切削的继续进行，高温和强机械载荷使黏焊层与刀具基体间的微观缺陷不断成坯、孕育、扩展和汇合，黏焊层与刀具基体之间的有效结合面积减小、结合强度减弱，当黏焊层与刀具基体间结合力降低到一定程度时，在剪切力的作用下，部分黏焊层材料被撕裂并被切屑带走，造成刀具的磨损，磨损的不断累积最终导致刀具前刀面的黏结破损[14-15]。

从重型切削刀具前刀面黏结破损的形成机理来看，高温高压下的元素扩散是刀具刀-屑黏焊的前提条件，发生扩散的元素主要是硬质合金刀具中的黏结相 Co 元素与工件材料中 Fe、Cr、Ni 等同族元素，以及刀具涂层材料和工件材料中共同存在但浓度不同的 Ti 元素。在同等切削条件下，除了筒节材料外，黏结破损现象在切削加工工程应用最为广泛的铁碳合金，以及在航空航天等重点领域普遍采用的镍基合金、钛合金等材料时都有可能发生，这也在课题组已有的研究中得到了证明，图 1-10 为采用硬质合金刀具切削不锈钢 1Cr18Ni9Ti 时的刀具黏结，其比切削筒节材料时更为明显[16]。

重型切削刀具的黏结破损是一个非常复杂的热力学过程。硬质合金刀具材料属于硬脆材料，其破损的宏观断口形貌也较接近于脆性断裂；但是，严格来讲，黏焊层虽然属于刀具前刀面的一部分，其材料成分与晶格结构却已经与刀具基体材料明显不同，材料物理性能也不明确。在黏焊层与刀具基体界面上发生的损伤破坏，除了硬脆的硬质合金刀具基体材料的脆性损伤外，在重型、超重型切削过程中的高温、强切削载荷，或者偶发的断续切削引起的强冲击载荷作用下，黏焊层的损伤破坏的本质原因和演化过程都有待揭示。

图 1-10　切削不锈钢 1Cr18Ni9Ti 时的刀具黏结

1.5　硬质合金刀具失效机理研究现状

刀具失效主要有磨损和破损这两种形式。硬质合金刀具在切削 2.25Cr1Mo0.25V 材料过程中，刀具前刀面刀-屑紧密接触，达到原子扩散距离，在切削温度的作用下元素发生扩散，前刀面发生磨损，硬质点剥离，使前刀面产生微观缺陷，刀具容易发生破损。

1.5.1　元素扩散研究现状

针对硬质合金的扩散磨损问题，国内外学者进行了大量的研究。硬质合金刀具切削奥氏体不锈钢时，在切削过程中刀具的前刀面和后刀面出现黏结层，并且还发现在切削刃附近的扩散层较厚，由此揭示了前刀面月牙洼是由扩散层不断形成和破损造成的，如图 1-11 所示[17-18]。

在扩散偶试验以及干切削等一系列试验中，有学者针对硬质合金刀具前刀面上的月牙洼磨损提出了一种有效的预测方法来预测前刀面磨损，并且还得知了元素扩散会降低刀具和工件的硬度，加速刀具的磨损[19-20]。通过对扩散偶不同夹紧时间来看，发现刀具和钛合金的一侧都出现了元素浓度的变化，如图 1-12 所示，从而进一步证实了硬质合金刀具中 WC 的溶解和成分的改变引起刀具表面机械性能退化，最终导致月牙洼磨损[21]。

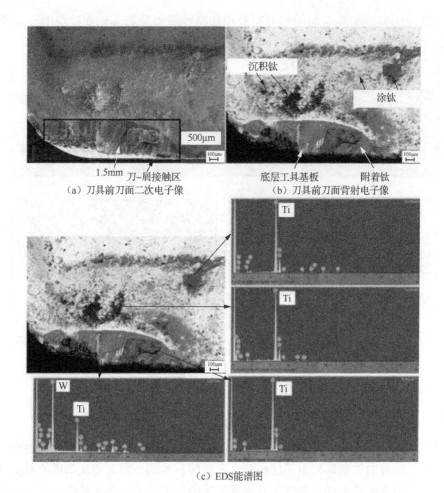

（a）刀具前刀面二次电子像　　　（b）刀具前刀面背射电子像

（c）EDS能谱图

图 1-11　未涂层刀具干切削 Ti-6Al-4V 后前刀面扩散及磨损程度

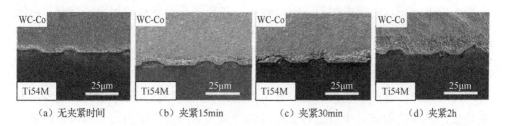

（a）无夹紧时间　　（b）夹紧15min　　（c）夹紧30min　　（d）夹紧2h

图 1-12　不同夹紧时间下扩散界面的 SEM 图片

从刀-屑元素扩散和刀具寿命理论研究方面来看,国内外学者提出了一种新的刀具寿命判定标准和关于刀具磨损以及 Co 扩散相关联的理论模型[22-23]。Wang

等[24]发现由裂纹扩展引起的后刀面磨损和脆性断裂是断续切削过程中涂层硬质合金刀具的主要失效形式，脆性断裂如图1-13所示。

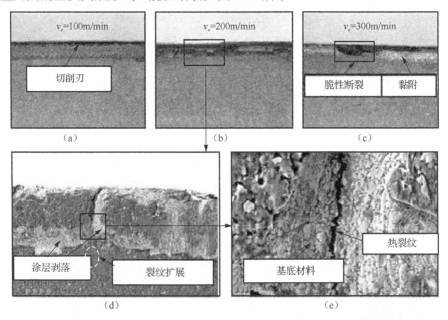

图1-13　不同切削速度下的脆性失效形式

1.5.2　疲劳失效研究现状

随着材料的不断更新，出现了越来越多的难加工材料，由于加工材料的不同，刀具加工过程的失效形式也不尽相同。在切削易黏的、加工硬化严重的材料时，硬质合金刀具的切入切出使得刀具承受频繁的机械冲击，在机械应力、热应力的综合作用下，经常出现刀具崩刃、断裂以及刀具基体被剥离等现象，导致刀具黏结破损失效。切入切出引起刀具黏结破损，主要涉及内容有切入切出类型、切削参数对刀具黏结破损的影响、切出过程负剪切现象的研究以及合理刀具槽型结构等；裂纹引起刀具黏结破损主要涉及的研究内容有应力的研究、裂纹的产生及其对刀具黏结破损的影响。

在切入切出方面，相关学者发现了刀具在切出且切出角小于75°时更容易发生破损，并在铣削试验中得出对负剪切影响最大的因素是切出角和每齿进给量，还通过有限元分析得出了切出角越小，负剪切应力越大，刀尖附近的剪切应力越大导致刀具黏结破损严重[25-27]。硬质合金刀具在断续切削过程中，当切入切出时，刀具受持续机械冲击和热冲击的综合作用，再加上硬质合金刀具属于脆性材料，使刀具容易产生冲击断裂,这成为刀具早期破损失效的因素之一。有学者在断续切削试验中,通过对试验刀具断口形貌特征来研究刀具并揭示了刀具的断裂机理,试验所得刀具情况如图 1-14 所示,进一步发现了热应力导致刀具裂纹的产生,进而提出可以有效降低机械应力对刀具冲击的方法[28-29]。通过冲击断裂研究可知,断续切削过程中刀具受到持续的冲击,刀具前刀面产生裂纹并开始扩展,从而导致刀具断裂失效。因此,裂纹是引起刀具失效的关键原因之一。

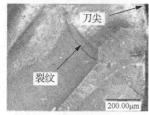

（a）刀尖处裂纹

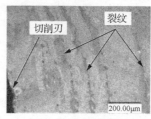

（b）切削刃处裂纹

图 1-14　断续切削过程中硬质合金刀具前刀面产生的 Rf 型裂纹

目前所进行的关于刀具裂纹扩展方面的大量研究,主要以试验和仿真相结合的方法。通过弯曲疲劳试验,相关的学者得出了疲劳裂纹扩展速率与最大应力强度的关系以及裂纹扩展速率与温度之间的关系,并分析了结合面不同断裂位置及其产生原因,如图 1-15 所示[30-32]。还有些学者对钢材和铝合金的断口形貌进行分析,得出材料在不同断裂方式下的断裂条件,并采用仿真对疲劳裂纹扩展路径进行分析,进而揭示了刀具黏结破损失效的本质规律[33-34]。

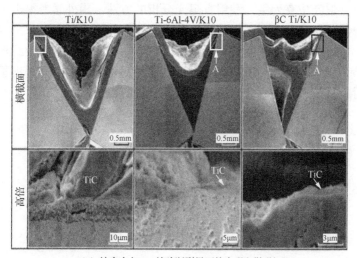

（a）钛合金与K10接头断裂界面的宏观和微观组织

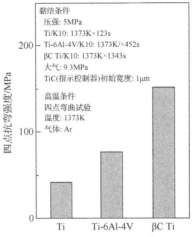

（b）钛合金与K10的高温四点抗弯强度

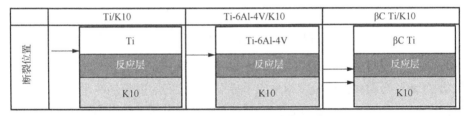

（c）钛合金与K10接头钛合金断裂位置示意图

图1-15　钛合金与K10刀具黏结面的结合强度及断裂分析

由于试验条件的限制，从硬质合金刀具WC-Co、WC、Co等方面研究裂纹扩展，主要以有限元仿真为主。利用有限元分析的方法，国外学者得出了硬质合金刀具裂纹塑性区的最大尺寸以及黏结相中平均自由程尺寸，为了研究 WC-Co 中黏结剂 Co 的延时失效机理，进一步确定了影响单韧带和多韧带裂纹扩展因素，并通过试验获得了 WC-Co 材料微观结构参数，如图 1-16 所示，得出了晶粒大小和数量与材料特性和应力-应变之间的影响关系[35-37]。

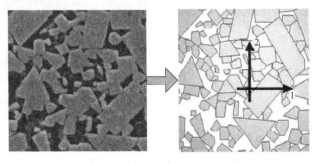

图1-16　WC-Co材料的微观结构参数

1.6 硬质合金刀具的损伤

1.6.1 硬质合金刀具疲劳失效的损伤力学问题

基于损伤力学研究结构疲劳阶段及寿命预测具有重要意义，尤其是在现代工程的结构研究及设计得到广泛应用，图 1-17 为损伤力学研究范围。特别是硬质合金刀具在铣削筒节材料过程中，刀具时刻承受着热-机械载荷作用，造成刀具的破损和磨损。利用损伤力学理论对刀具材料的疲劳失效及内部损伤演化进行分析，对研究硬质合金刀具性能以及提高刀具寿命具有重要的意义。

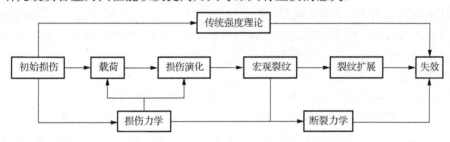

图 1-17 损伤力学研究范围

硬质合金由于其基体为粉末冶金材料，制备过程中组织的不完善，造成其分布较多的缺陷和表面裂纹，存在的初始制造缺陷即为初始损伤。从最初刀具的初始损伤或者无损状态开始，刀具微裂纹（图 1-18）在循环的热-机械载荷过程中的损伤累积，导致刀具发生疲劳破损直至断裂失效。

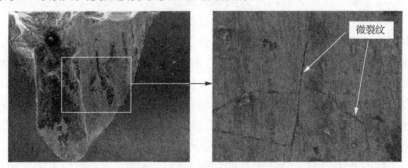

图 1-18 硬质合金刀具微裂纹

损伤力学是研究材料或者零件在载荷状态下产生变形和损伤演化直至失效的力学规律，研究主要包括了材料从初始状态到失效的过程。所以，在进行刀具的疲劳裂纹形态进行微观研究时，可以利用损伤力学对硬质合金材料初始状态的特征进行分析，同时结合断裂力学分析其裂纹扩展过程，并分析其外部载荷下的损伤演变过程及其对宏观力学的影响。图 1-19 为疲劳裂纹扩展演变阶段。

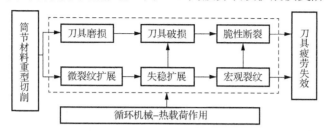

图 1-19　疲劳裂纹扩展演变阶段

以损伤力学为基础，对材料的疲劳过程进行研究时，必须考虑连续介质热力学和不可逆热力学。金属、陶瓷、岩石等工程材料在载荷作用下会产生能量转化，在分析微裂纹的产生和扩展时要考虑能量和动量守恒。裂纹扩展过程是以吸收外部能量为动力来源，同时在能量的促进下缓慢发展，当受外载荷作用时，微裂纹会发生扩展，这种状态的改变也伴随有能量的变化，其耗散热力学过程是不可逆的。因此，采用以连续介质力学和不可逆热力学为基础的损伤力学进行刀具疲劳失效研究，研究刀具在循环载荷下的疲劳损伤。在重型铣削筒节材料过程中，硬质合金刀具的疲劳失效是一个刀具初始损伤、裂纹萌生和扩展、断裂失效的过程，与损伤力学的研究范围相吻合。所以本章基于损伤力学的硬质合金刀具疲劳失效研究是可行的。

1.6.2　重型切削中硬质合金刀具的损伤

硬质合金属于连续介质，在刀具制备过程中，需要将粉末压制成坯料，放进烧结炉加热到一定温度进行烧结，在此过程中材料内部不可避免地会出现孔隙、晶粒团聚、夹粗、脏化和夹质等现象，使刀具材料产生孔洞、裂纹、分层、渗碳等缺陷。硬质合金主要成分为 WC、TiC 和 Co，虽为脆性材料，但在重型切削过程中大量切削热的作用下，材料内部会发生局部塑性化，影响硬质合金的本构关系，为刀具损伤的扩展提供了条件。而硬质合金的损伤缺陷与基体微观结构共同决定材料的力学特性，在刀具重型切削过程中，由于受到循环冲击载荷作用，硬质合金材料初始和新生的损伤微缺陷会在不同应力作用下不断演化与扩展，对材料的力学性能产生影响，降低刀具的切削性能，导致刀具易产生失效，因此刀具失效问题与硬质合金材料损伤特性密切相关。

在重型切削加工中，硬质合金刀具失效与材料内部损伤的萌生与演化密切相关，并且刀具失效过程也符合损伤力学的应用条件。但目前在重型切削刀具失效方面的研究大多集中于切削力与切削热对刀具磨损和破损的影响，以及前刀面温度场分布对刀具寿命的影响等内容。虽然损伤理论在研究切削加工领域切屑成形机理方面已有一定的研究基础，但较少涉及刀具失效机理方面，尤其应用于重型切削刀具材料损伤失效机理的研究。

通过对重型切削过程中刀具失效问题与硬质合金材料细微观理论等内容进行的相关分析，结合损伤理论，提出重型切削过程中硬质合金刀具损伤机理的主要研究内容见图1-20。首先通过分析重型切削过程中的载荷特性与硬质合金材料属性，确定刀具材料损伤基本过程，分析切削过程中刀具承受的载荷特性，研究硬质合金材料微观组织形貌和高温硬度特性，建立材料微观结构与宏观力学特性之间的联系；进而经过模拟试验与仿真分析确定刀具材料S-N曲线与等效应力方程，建立刀具材料本构关系模型和损伤演化方程，分析刀具失效准则，建立刀具寿命方程；最后以损伤最小为目标，对极端制造高效铣削技术进行优化分析。通过分析刀具材料微细观损伤本质问题，完善刀具失效基本过程，对重型切削刀具技术的发展具有重要意义。

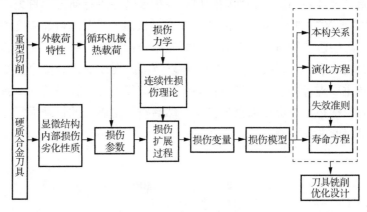

图1-20 硬质合金刀具损伤机理的研究内容

1.7 本书主要内容

第1章为绪论，主要介绍了硬质合金刀具的分类、主要失效形式及原因，以及黏结破损问题的发现与提出等内容。

第2章主要研究三种典型材料的本构关系。首先，建立典型材料在高温、高压情况下的本构关系模型；其次，分析材料的力学性能特性，为后续研究典型材料在加工过程中刀具黏结破损的力、热特性以及刀具黏结破损机理打下基础。

第3章主要研究硬质合金刀具黏结破损过程的力热特性。以刀-屑接触区刀具受切屑的作用力为研究对象，建立切屑底面与刀具前刀面接触模型，以及刀具表面受力密度函数，对切削过程中刀具表面的受力状况进行了研究。进一步确定刀具前刀面的切削热的来源，同时建立了前刀面的受热密度函数，获得刀具前刀面的温度分布规律，为刀具黏结破损的研究提供基础。

第4章主要进行刀-屑接触区的元素扩散行为研究和分子动力学模拟。首先，建立考虑温度的刀-屑元素扩散模型，并通过试验与仿真验证其准确性；然后，建立硬质合金与 2.25Cr1Mo0.25V 材料模型，并分析各元素的扩散系数；最后，从刀-屑结合能的角度，提出刀具黏结破损的原因。

第5章主要针对硬质合金刀具的疲劳特性进行研究。首先，确定刀具的损伤形式为疲劳损伤，阐述刀具黏结破损的原因；然后，通过仿真和试验得出材料为硬质合金刀具材料YT15的拉压循环次数与应力幅值的关系以及拉压疲劳极限值；最后，得出硬质合金刀具材料疲劳损伤演化方程。

第6章主要针对刀具前刀面黏焊层裂纹扩展特性进行研究。首先，应用体视学原理计算出 WC、TiC 的平均晶粒尺寸、形状因子以及晶粒邻接度的微观结构参数；然后，创建了硬质合金刀具前刀面三维结构模型；最后，研究其内部无裂纹和不同的裂纹形式对裂纹扩散路径影响以及不同裂纹形式对拉伸强度影响。

第7章主要进行硬质合金刀具前刀面黏结破损机理与预报研究。首先介绍了刀具黏焊的识别和黏焊层厚度预报模型，然后对黏结破损的机理进行分析，最后对黏结破损深度进行预测。

参 考 文 献

[1] Bai D S, Sun J F, Chen W Y, et al. Molecular dynamics simulation of the diffusion behaviour between Co and Ti and its effect on the wear of WC/Co tools when titanium alloy is machined[J]. Ceramics International, 2016, 42(15): 17754-17763.

[2] Calatoru V D, Balazinski M, Mayer J, et al. Diffusion wear mechanism during high-speed machining of 7475-T7351 aluminum alloy with carbide end mills[J]. Wear, 2008, 265(11-12): 1793-1800.

[3] Rashid R, Palanisamy S, Sun S, et al. Tool wear mechanisms involved in crater formation on uncoated carbide tool when machining Ti6Al4V alloy[J]. International Journal of Advanced Manufacturing Technology, 2016, 83(9-12): 1457-1465.

[4] Sokovi M, Kosec L, Dobrzański L A. Diffusion across PVD coated cermet tool/workpiece interface[J]. Journal of Materials Processing Technology, 2004, 157(1): 427-433.

[5] Zheng M L, Chen J G, Li Z, et al. Experimental study on elements diffusion of carbide tool rake face in turning stainless steel[J]. Journal of Advanced Mechanical Design, Systems, and Manufacturing, 2018, 4(12): 1-12.

[6] Fan Y H, Hao Z P, Lin J Q, et al. Material response at tool-chip interface and its effects on tool wear in turning Inconel718[J]. Advanced Manufacturing Processes, 2014, 29(11-12): 1446-1452.

[7] Deng J X, Li Y S, Zhang H, et al. Adhesion wear on tool rake and flank faces in dry cutting of Ti-6Al-4V[J]. Chinese Journal of Mechanical Engineering, 2011, 24(6): 1089-1094.

[8] 佟建国, 高晓丹, 曲海涛, 等. 25Cr5MoA 钢/Q235 钢固-液复合轴界面 Cr 元素扩散行为[J]. 工程科学学报, 2009, 31(4): 451-458.

[9] 李一楠, 孙凤莲. 硬质合金刀具切削过程中扩散磨损的数值模拟[J]. 哈尔滨理工大学学报, 2006, 11(1): 146-149,158.

[10] 陈亚军, 王志平, 纪朝辉, 等. 元素扩散对镍基合金涂层热疲劳性能的影响[J]. 焊接学报, 2008, 29(11): 61-64.

[11] 毕雪峰, 刘永贤. 金属切削中刀具月牙洼磨损模型的研究[J]. 中国机械工程, 2012, 23(2): 142-145.

[12] Jiang H, Shivpuri R. A cobalt diffusion based model for predicting crater wear of carbide tools in machining titanium alloys[J]. Journal of Engineering Materials & Technology, 2005, 127(1): 136-144.

[13] 杨海东. 高性能材料刀具及其切削性能研究[D]. 合肥: 合肥工业大学, 2014.

[14] Li Z, Zheng M L, Chen X Z, et al. Research on sticking failure characteristics of cemented carbide blade[J]. Advanced Materials Research, 2012, 500: 211-217.

[15] 孙凤莲, 李振加, 陈波. 切削 2.25Cr-1Mo 钢刀-屑间的粘焊破损机理[J]. 哈尔滨理工大学学报, 1997, (5): 1-3.

[16] Li Z, Jiang B, Xu H X, et al. Study of 1Cr18Ni9Ti material properties in cutting process[J]. Advanced Materials Research, 2012, 500: 218-222.

[17] Qi H S, Mills B. On the formation mechanism of adherent layers on a cutting tool[J]. Wear, 1996, 198(1-2): 192-196.

[18] Rashid R, Palanisamy S, Sun S, et al. Tool wear mechanisms involved in crater formation on uncoated carbide tool when machining Ti6Al4V alloy[J]. International Journal of Advanced Manufacturing Technology, 2016, 83(9-12): 1457-1465.

[19] Wang K, Sun J F, Du D X, et al. Quantitative analysis on crater wear of cemented carbide inserts when turning Ti-6Al-4V[J]. International Journal of Advanced Manufacturing Technology, 2017, 91(1-4): 527-535.

[20] Deng J X, Li Y S, Song W L. Diffusion wear in dry cutting of Ti-6Al-4V with WC/Co carbide tools[J]. Wear, 2008, 265(11): 1776-1783.

[21] Ramirez C, Ismail A I, Gendarme C, et al. Understanding the diffusion wear mechanisms of WC-10%Co carbide tools during dry machining of titanium alloys[J]. Wear, 2008, 390-391(11): 61-70.

[22] Jr K A. A transport-diffusion equation in metal cutting and its application to analysis of the rate of flank wear[J]. Journal of Sustainable Mining, 1985, 13(1): 36-40.

[23] Jiang H, Shivpuri R. A cobalt-diffusion based model for predicting crater wear of carbide tools in machining titanium alloys[J]. Journal of Engineering Materials & Technology, 2005, 127(1): 136-144.

[24] Wang F, Zhao J, Li Z, et al. Coated carbide tool failure analysis in high-speed intermittent cutting process based on finite element method[J]. International Journal of Advanced Manufacturing Technology, 2016, 83(5-8): 805-813.

[25] Lee Y M, Sampath W S, Shaw M C. Tool fracture probability of cutting tools under different exiting conditions[J]. Journal of Engineering for Industry, 1984, 106(2): 168-170.

[26] 刘力田. 面铣刀刀片破损原因的探讨[J]. 汽轮机技术, 2007, 49(4): 319-320.

[27] Qu H J, Yang J H, Wang G C, et al. Formation and simulation of negative shear zone[J]. Advanced Materials Research, 2014, 1027: 217-220.

[28] 何耿煌, 吴冲浒, 刘献礼, 等. 断续切削过程硬质合金可转位刀片破损行为研究[J]. 金刚石与磨料磨具工程, 2015, 35(3): 10-16.

[29] 万熠, 艾兴, 刘战强, 等. 高速铣削航空铝合金 7050-T7451 时刀具的磨损破损[J]. 机械工程学报, 2007, 43(4): 103-108.

[30] Mikado H, Ishihara S, Oguma N, et al. Effect of stress ratio on fatigue lifetime and crack growth behavior of WC-Co cemented carbide [J]. Transactions of Nonferrous Metals Society of China, 2014, 24(4): 14-19.

[31] 樊俊铃, 郭杏林. 弹塑性疲劳裂纹扩展行为的数值模拟[J]. 机械工程学报, 2015, 51(10): 33-40.

[32] Ikuta A, Shinozaki K, Masuda H, et al. Consideration of the adhesion mechanism of Ti alloys using a cemented carbide tool during the cutting process [J]. Journal of Materials Processing Technology, 2002, 127(2): 251-255.

[33] 洪礼卫. 几种金属材料破坏机理与断裂形式的研究[D]. 无锡: 江南大学, 2008.

[34] 王银涛. 高速断续切削刀具疲劳失效试验与仿真研究[D]. 济南: 山东大学, 2016.

[35] Konyashin I, Ries B. Wear damage of cemented carbides with different combinations of WC mean grain size and Co content. Part I: ASTM wear tests[J]. International Journal of Refractory Metals & Hard Materials, 2014, 46(1): 12-19.

[36] Connolly P, Mchugh P E. Fracture modelling of WC-Co hardmetals using crystal plasticity theory and the Gurson model[J]. Fatigue & Fracture of Engineering Materials & Structures, 1999, 22(1): 77-86.

[37] Sadowski T, Nowicki T. Numerical investigation of local mechanical properties of WC/Co composite[J]. Computational Materials Science, 2008, 43(1): 235-241.

第 2 章　典型工件材料的本构关系模型

硬质合金刀具的黏结破损与工件材料的性能有直接关系，对典型材料的本构关系进行研究是深入揭示其材料切削性能的一种必要手段。建立典型材料在高温、高压情况下的本构关系模型，分析材料的力学特性，是后续研究典型材料在加工过程中刀具黏结破损的力、热特性以及刀具黏结破损机理的基础。

2.1　材料本构关系模型的典型应用

本构关系是力学与工程问题之间一个非常重要的结合点，也是考虑材料加工仿真时的切入点。采用有限元仿真软件对切削过程进行力热数值模拟时，材料本构关系模型中相关参数的准确度对仿真结果的精确度是至关重要的。

有学者考虑到钛合金 Ti-6Al-4V 材料重结晶现象会加剧材料热塑性失稳，从而促进锯齿状切屑的产生，在 Advant Edge FEM 有限元软件中采用修正的 Johnson-Cook 本构关系模型进行了高速铣削仿真分析，有效地阐述了锯齿状切削产生的机理[1]。

基于 Johnson-Cook 材料本构关系模型参数，有学者分别考虑了应变软化现象，对经典的 Johnson-Cook 模型进行了修正，建立了 TANH 等新的本构方程，并将其应用于对切削过程中刀具的磨损研究[2-3]。

有学者基于 Johnson-Cook 材料本构关系模型参数，考虑了温度耦合的软化效应，对钛合金切削的流动应力进行了研究，将晶体塑性变形理论应用于钛合金 Ti-6Al-4V 的切削加工仿真中，有效地阐述了材料微观结构对切屑生成及工件加工质量的影响[4]。

2.2　工件材料的本构关系模型概述

本构关系是反映物质宏观性质的数学模型，把本构关系写成具体的数学表达形式就是本构方程。材料的本构关系模型是用来描述材料的力学性质，表征材料变形过程的动态响应，因此，建立合理的材料本构关系模型在金属切削及仿真分析中显得尤为重要。

采用材料恰当的本构关系是建立各类工程问题力学模型的基础。目前，人们已提出了多种本构关系模型来描述金属材料的动态响应行为，如 Johnson-Cook 模型、Zerilli-Armstrong 模型、Arrhenius 模型、Bonder-Partom 模型等。Johnson-Cook 模型是较常见的适用于高应变速率、高温条件下的本构方程。

2.2.1 Johnson-Cook 模型

Johnson-Cook 模型（简称 J-C 模型）是由 Johnson 和 Cook 于 1983 年提出的一个用于金属大变形、高应变率和高温情况下的本构关系模型[5]。其基本形式如下：

$$\sigma=\left[A+B\varepsilon^n\right]\left[1+C\ln\left(\frac{\dot{\varepsilon}}{\dot{\varepsilon}_0}\right)\right]\left(1-\theta^m\right) \tag{2-1}$$

式中，σ 为非零应变率下 Mises 流动应力；A 为材料在准静态下的屈服强度；B 和 n 为应变硬化的影响；C 为应变率强化系数；m 为温度软化系数；ε 为等效塑性应变；$\dot{\varepsilon}$ 为等效塑性应变率；$\dot{\varepsilon}_0$ 为参考应变率；θ 为约化温度，即

$$\theta=\frac{T-T_r}{T_m-T_r} \tag{2-2}$$

其中，T_m 为金属熔化温度；T_r 为室温。

在式（2-1）所示的 Johnson-Cook 本构关系中，等号右边第一个括号中的式子为应变强化效应，σ 是 ε 的函数；第二个括号为应变率强化效应；最后一个括号为温度软化效应。

一般是由应变 ε 与室温下的一维应力准静态试验结果来拟合出第一个括号内的参数 A、B、n，由室温下不同应变率的分离式霍普金森压杆试验结果拟合第二个括号内的参数 C；由某一应变率下的高温分离式霍普金森压杆试验结果拟合第三个括号内的参数 m。

1. 应变强化效应

在外部载荷较小时，试件只发生弹性变形，当去掉外载荷时，试件能恢复到初始的状态尺寸，然而当外载荷超过材料的屈服极限后，试件将发生屈服，进入塑性阶段。对于弹性阶段，应力-应变之间有如下的对应关系：

$$\varepsilon=f\left(\sigma\right)=\frac{\sigma}{E} \tag{2-3}$$

式中，E 为弹性模量。

如图 2-1 所示，在塑性阶段，外部载荷到达某一值 B 时，然后开始卸载。此时的应力-应变曲线不再按照初始的加载路径返回，而是以 B 点开始沿着过 B 点且平行于弹性阶段 OA 的直线 BC 返回，即外载荷全部卸去后，应变量不为零。当对材料再重新施加载荷时，新的应力-应变则沿着刚才的卸载直线 CB 上升，并且在达到 B 点后，材料将会再次发生屈服，这样屈服应力提高。所以在塑性变形阶段，应变不再是与应力一一对应的关系，而应该是应力和外部加载历史共同作用的函数，表示如下：

$$\varepsilon = f\left(\sigma_s, \sigma_h\right) \tag{2-4}$$

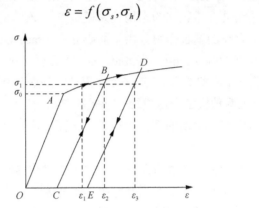

图 2-1　应力-应变曲线

2. 应变率强化效应

应变是反映材料受力后变形大小的无量纲量，而应变率则是应变对时间的导数，是反映材料变形快慢的度量。一般情况下伴随着应变速率的升高，金属或合金材料的临界剪切应力也随之增大。这主要是由于在较高应变速率下变形时，金属或合金材料为保持完整性，所以驱使更多数目的位错同时进行运动。当变形温度为恒定值时，位错运动速度越大，相应的剪切应力就越大，而临界剪切应力的升高，从另一方面使变形抗力的增大。

目前，根据应变率值的大小不同，可分为静态、准静态和动态。但不同的文献对其划分标准并不完全相同。有些文献认为准静态的应变率范围在 $10^{-5} \sim 10^{-4} \mathrm{s}^{-1}$；有些学者则认为应变率处于 $10^{-4} \sim 10^{-2} \mathrm{s}^{-1}$ 时是准静态，并且还将应变率在 $10^{-4} \sim 10^{-1} \mathrm{s}^{-1}$、$10^{-1} \sim 10^{2} \mathrm{s}^{-1}$、$10^{2} \sim 10^{4} \mathrm{s}^{-1}$ 范围内分别划分为低应变率、中应变率和高应变率[6-7]。

3. 热软化效应

变形抗力的起源是金属原子间的结合力。随着温度升高，原子的动能增大，原子间的结合力就越小，剪切应力就越低。当应变速率相同时，流动应力随变形体温度的升高而降低。对于金属材料的不同滑移系，变形温度越高，临界剪切应力的降低速度越快，因此在高温、高压时新出现的滑移系会使变形更易于进行，也就意味着变形抗力有所降低。

2.2.2 Zerilli-Armstrong 模型

Zerilli-Armstrong 模型（简称 Z-A 模型）是由 Zerilli 和 Armstrong 在 1987 年基于热激活位错运动理论建立的本构关系模型[8-9]。该模型综合考虑了应变率、应变和温度效应等存在的耦合作用。由于面心立方（face centered cubic，FCC）金属材料和体心立方（body centered cubic，BCC）金属材料具有不同的热激活机理，Z-A 模型又分为 ZA-FCC 模型和 ZA-BCC 模型。为便于应用，Zerilli 和 Armstrong 在 1995 年将以上两种模型表达成统一形式的 Z-A 模型。这是第一个具有物理理论基础、在热激活位错运动的理论框架下提出而非通过试验曲线拟合的本构关系模型。

Z-A 模型忽略了应变率和温度对材料的加工硬化的影响，然而对于大应变加载环境，应变率、温度和应变的耦合作用非常显著[10]。当应变率达到 $10^4 s^{-1}$ 以上时，Z-A 本构关系模型的流动应力预测误差较大，因而其对金属材料变形行为的描述不再准确。高应变率下材料的力学响应行为与其微结构特征及组织演化形式关系密切，此时需要从微观力学入手，基于塑性变形的物理基础来建立更准确的宏观本构关系。

2.2.3 Arrhenius 模型

Arrhenius 模型[11-12]常被用于描述高温下流动应力、应变率和温度的相互关系，该模型采用齐纳-霍洛蒙参数来描述塑性变形过程中温度和应变率对力学性能的影响。

金属的热变形过程是一个热激活过程，流动应力 $\bar{\sigma}$ 和变形热力参数和应变速率 $\dot{\varepsilon}$、变形温度 T 等之间的关系用双曲正弦型方程可表示为

$$\dot{\varepsilon} \exp\left(\frac{Q}{RT}\right) = A_1 \sinh(\alpha\bar{\sigma})^n \quad (2-5)$$

式中，Q 为变形激活能；R 为气体常数；α、n、A_1 为与温度无关的常数。

当流动应力较低时（$\alpha\bar{\sigma} < 0.8$），式（2-5）可简化为

$$\dot{\varepsilon} \exp\left(\frac{Q}{RT}\right) = A_2 \bar{\sigma}^n \quad (2-6)$$

当流动应力较高时（$\alpha\bar{\sigma} > 1.2$），式（2-5）可简化为

$$\dot{\bar{\varepsilon}}\exp\left(\frac{Q}{RT}\right) = A_3\exp\left(\beta\bar{\sigma}\right) \tag{2-7}$$

式中，A_2、A_3、β 均为与温度无关的常数，且 $\alpha = \beta / n$。

上述三种形式的本构关系模型均称为 Arrhenius 型方程，根据 α 在 Arrhenius 型方程中出现的形式，式（2-5）～式（2-7）分别称为双曲正弦方程、幂函数方程和指数方程。Arrhenius 模型具有试验相对简单、试验成本低、模型系数少等优点，其适用于金属材料的热变形，但是忽略了应变对流动应力的影响，无法准确描述材料大应变变形过程的动态力学性能，所以对金属材料的切削变形不太适用。

2.2.4　Bonder-Partom 模型

Bonder-Partom 模型（简称 B-P 模型）最早是由 Bonder 和 Partom 采用位错动力学思想在 1968 年提出的无屈服面的弹-黏塑性本构理论[13]，经过几十年的发展，B-P 模型的指数形式得到了广泛的研究与使用，迄今 B-P 模型能模拟一系列与应变速率相关的非弹性变形的重要特征，如循环硬化与循环软化、非比例加载引起的附加硬化、热恢复、温度相关、损伤的演变等，并在大量的实际工程问题中得以应用，特别是美国 HOST 计划大大地推动了 B-P 模型的发展及其在航空发动机热端应力分析中的应用。同时，B-P 模型还在其他领域得到了较为广泛的应用，包括：壳体应力分析，裂纹扩展速率计算，动态塑性、冲击响应、动态裂纹扩展、热机械载荷耦合以及复合材料应力分析等。1981 年 Bonder 将损伤变量引入运动方程中，得到了损伤和硬化的全耦合本构关系模型，能够对结构进行损伤分析。全耦合本构关系模型对材料的热损伤比较适用，对材料的切削变形不适用。

2.3　分离式霍普金森压杆的试验原理及基本方程

霍普金森压杆的模型是在 1914 年由 Hopkinson 提出来的，当初只能够用来测量冲击载荷下的脉冲波形[14]。1949 年 Kosky 在 Hopkinson 的基础上，对该压杆装置进行了改进，将压杆分为两部分，试件置于两压杆之间，从而使这一装置可以测量材料在冲击荷载作用下应力与应变间的关系，这种改进型的压杆装置也被称为分离式霍普金森压杆（split Hopkinson pressure bar，SHPB）。分离式霍普金森压杆试验原理是建立在一维弹性假定和均匀性假定理论基础上的，并忽略了摩擦与惯性的影响。

2.3.1 弹性杆中一维应力波的传播

图 2-2 为压杆中微单元在一维应力波作用下的变形示意图，其中，图 2-2（a）是初始微元，图 2-2（b）是变形后的微元，图 2-2（c）是微元两端受轴向压力载荷 P 的作用。根据基本运动方程，得到微元受力与变形之间的关系如下：

$$-\frac{\partial P}{\partial x}\Delta x = \rho A \Delta x \frac{\partial^2 u}{\partial t^2} \tag{2-8}$$

式中，ρ 为弹性杆的密度，kg/m^3；A 为弹性杆的横截面面积，m^2；u 为微元在 x 处的位移，m。

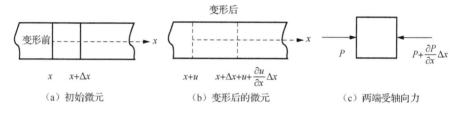

（a）初始微元　　　　　（b）变形后的微元　　　　（c）两端受轴向力

图 2-2　压杆中微元在一维应力作用下的变形示意图

由应力的定义得微元体内质点的轴向应力为

$$\sigma = \frac{P}{A} \tag{2-9}$$

式中，σ 为微元内部轴向上的应力，Pa。

由应变的定义得微元体在轴向上的应变为

$$\varepsilon = -\frac{\partial u}{\partial x} \tag{2-10}$$

式中，ε 为微元体内轴向方向上的应变（无量纲）。

由胡克定律得微元在轴向方向上应力与应变之间的关系为

$$\sigma = E\varepsilon \tag{2-11}$$

式中，E 为杆的弹性模量，Pa。

整理式（2-9）～式（2-11）代入式（2-8）得

$$\rho \frac{\partial^2 u}{\partial t^2} = E \frac{\partial^2 u}{\partial x^2} \tag{2-12}$$

将式（2-12）变形得

$$\frac{\partial^2 u}{\partial t^2} = \frac{E}{\rho} \frac{\partial^2 u}{\partial x^2} \tag{2-13}$$

令

$$\frac{E}{\rho} = c_0^2 \tag{2-14}$$

即可得到波动方程的经典形式：

$$\frac{\partial^2 u}{\partial t^2} = c_0^2 \frac{\partial^2 u}{\partial x^2} \tag{2-15}$$

根据数学物理方程的知识可得到方程的通解为

$$u(x,t) = f(c_0 t + x) + F(c_0 t - x) \tag{2-16}$$

从上式可以看出，函数 $f(c_0 t + x)$ 和 $F(c_0 t - x)$ 分别表示弹性杆中的左行波的波函数和右行波的波函数，两函数相互独立，为了计算方便，只考虑压缩波，于是将式（2-16）简化为

$$u(x,t) = F(c_0 t - x) \tag{2-17}$$

将上式的两边对于时间 t 求偏导数得

$$\frac{\partial u}{\partial t} = c_0 F'(c_0 t - x) \tag{2-18}$$

同理，将式（2-17）的两边对于 x 求偏导数得

$$\frac{\partial u}{\partial x} = -F'(c_0 t - x) \tag{2-19}$$

故

$$\frac{\partial u}{\partial t} = -c_0 \frac{\partial u}{\partial x} \tag{2-20}$$

在式（2-20）中 $\frac{\partial u}{\partial t}$ 表示杆中的质点沿 x 轴方向的速度，用 v 表示，则式（2-20）可写成

$$v = -c_0 \frac{\partial u}{\partial x} \tag{2-21}$$

即

$$\varepsilon = \frac{v}{c_0} \tag{2-22}$$

将式（2-22）代入式（2-11），并由式（2-14）可得

$$\sigma = \rho c_0 v \tag{2-23}$$

以上推导了杆中微元的轴向应力、应变分别与微元沿轴方向的速度之间的线性关系，这一函数关系是整个一维应力波理论以及 SHPB 试验理论的基础。

2.3.2 分离式霍普金森压杆试验理论

如图 2-3 所示，目前常见的分离式霍普金森压杆装置由撞击杆、输入杆和输出杆组成，动态压缩试件放置在两压杆之间。假定输入杆与输出杆只发生弹性应变，压杆中应力波作一维传播。试验中撞击杆在外界载体的作用下从恒定速度撞

击输入杆，通过以上的分析可知，在输入杆中将产生一维应力波。当应力波到达试件时，由于两者材料不同，所以各自的波阻抗也不相同，一部分波将反射回来，而另一部分会经过试件透射到输出杆中。粘贴在输入杆与输出杆表面的应变片对试验过程中的应力波信号进行采集。

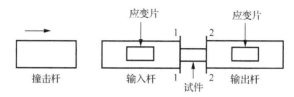

图 2-3　SHPB 示意图

如果设试件的初始高度为 l_0，端面面积为 A，通过分析得试件两端面的速度可分别表示为

$$v_1 = c_0 \left(\varepsilon_i - \varepsilon_r \right) \tag{2-24}$$

$$v_2 = c_0 \varepsilon_t \tag{2-25}$$

式中，v_1、v_2 分别为试件两端面的速度；c_0 为应力波在杆中的传播速度；ε_i、ε_r、ε_t 分别为入射波、反射波和透射波的信号。将 u_1、u_2 设为端面两边的质点位移，那么试件中的平均应变表示为

$$\varepsilon_s = \frac{u_1 - u_2}{l_0} \tag{2-26}$$

将式（2-26）两边同时对时间求导可得

$$\dot{\varepsilon}_s = \frac{\dfrac{\mathrm{d}u_1}{\mathrm{d}t} - \dfrac{\mathrm{d}u_2}{\mathrm{d}t}}{l_0} \tag{2-27}$$

即

$$\frac{\mathrm{d}\varepsilon_s}{\mathrm{d}t} = \frac{v_1 - v_2}{l_0} \tag{2-28}$$

将式（2-24）、式（2-25）代入式（2-28）得

$$\dot{\varepsilon}_s = \frac{c_0}{l_0} \left(\varepsilon_i - \varepsilon_r - \varepsilon_t \right) \tag{2-29}$$

将式（2-29）对时间 t 积分，则可以得到试件中应变的计算表达式：

$$\varepsilon_s = \frac{c_0}{l_0} \int_0^1 \left(\varepsilon_i - \varepsilon_r - \varepsilon_t \right) \mathrm{d}t \tag{2-30}$$

设试件两端面分别受外部载荷 P_1、P_2，则

$$P_1 = EA \left(\varepsilon_i + \varepsilon_r \right) \tag{2-31}$$

$$P_2 = EA(\varepsilon_i) \tag{2-32}$$

试件中的平均受力为

$$P_s = \frac{P_1 - P_2}{2} \tag{2-33}$$

将式（2-31）、式（2-32）代入式（2-33）得

$$P_s = \frac{EA}{2}(\varepsilon_i - \varepsilon_r - \varepsilon_t) \tag{2-34}$$

设试件中的平均应力为 σ_s，则有

$$\sigma_s = \frac{P_s}{A_s} \tag{2-35}$$

将式（2-34）代入式（2-35）得

$$\sigma_s = \frac{EA}{2A_s}(\varepsilon_i - \varepsilon_r - \varepsilon_t) \tag{2-36}$$

如果忽略试件内部应力波的传播效应，那么就可以将通过短试件的应力定义为常量，可得

$$\varepsilon_i + \varepsilon_r = \varepsilon_t \tag{2-37}$$

将式（2-37）代入式（2-29）得

$$\dot{\varepsilon}_s = -\frac{2c_0}{l_0}\varepsilon_r \tag{2-38}$$

同理将式（2-37）分别代入式（2-30）与式（2-36）可得

$$\varepsilon_s = -\frac{2c_0}{l_0}\int_0^1 \varepsilon_r \mathrm{d}t \tag{2-39}$$

$$\sigma_s = \frac{EA}{A_s}\varepsilon_t \tag{2-40}$$

因此，通过试验过程中应变片所采集的透射应力波与反射应力波的信号，根据式（2-38）～式（2-40）就可以计算出试件在某一应变率下的应力-应变关系。

2.4　三种典型材料的本构试验

2.4.1　试验材料及样件尺寸

试验采用三种材料，其中 2.25Cr1Mo0.25V 和 3Cr1Mo0.25V 为大型加氢反应器筒节材料，1Cr18Ni9Ti 为无锡市劝诚特钢有限公司产品，三者具体元素的质量分数如表 2-1～表 2-3 所示。

其中不锈钢 1Cr18Ni9Ti 的准静态试验采用拉伸试验，高强度钢 2.25Cr1Mo0.25V 和 3Cr1Mo0.25V 的准静态试验采用压缩试验，试样尺寸为 ϕ8mm×12mm（长径比 1.5：1），三种材料的分离式霍普金森压杆动态压缩撞击试验均采用试件为 ϕ8mm×5mm 的尺寸[15]。

表 2-1　2.25Cr1Mo0.25V 钢各元素质量分数

元素	质量分数/%
C	0.12～0.16
Mn	0.30～0.60
P	≤0.009
Si	≤0.12
S	≤0.006
Mo	0.95～1.16
Cr	2.00～2.50
Ti	0.020～0.030
Ni	0.10～0.20
Sn	≤0.006
Al	≤0.03
Cu	≤0.02
As	≤0.012
B	≤0.02
Nb	≤0.07
V	0.25～0.35

表 2-2　3Cr1Mo0.25V 钢各元素质量分数

元素	质量分数/%
C	0.11～0.15
Mn	0.30～0.60
P	≤0.01
Si	≤0.1
S	≤0.01

续表

元素	质量分数/%
Mo	0.90～1.10
Cr	2.75～3.25
Ti	0.015～0.035
Ni	≤0.25
Sn	≤0.015
Al	≤0.03
Cu	≤0.25
As	≤0.012
B	≤0.003
Nb	≤0.003
V	0.20～0.30

表 2-3　1Cr18Ni9Ti 钢各元素质量分数

元素	质量分数/%
C	0.058
Si	0.41
Mn	1.2
S	0.014
P	0.039
Cr	17.16
Ni	8.04
Ti	0.28

2.4.2　静态压缩试验

本试验中所用试件均根据国家试件标准制样，图 2-4（b）为 1Cr18Ni9Ti 拉伸试件。但由于 2.25Cr1Mo0.25V 与 3Cr1Mo0.25V 工件材料尺寸有限，所以采用静态压缩试验方法[16-17]，试件尺寸为 ϕ8mm×12mm（长径比 1.5∶1）。在微机控制的电子万能拉伸试验机上，以 $10^{-3}\mathrm{s}^{-1}$ 的压缩应变率进行静态拉伸、压缩试验，如

图 2-4 所示。压缩试验中，试件两端均匀涂有润滑脂，以减小摩擦对所受应力状态的影响。试验进行三次，取三次试验的平均值作为试验结果。由计算机自动采集真实的力–位移试验数据，经 Origin 数据处理软件对试验数据按式（2-37）和式（2-38）进行变换，最终绘制出三件试件的真实应力–应变曲线，如图 2-5（a）所示。从图中可以看出三条曲线吻合程度较好，取三者试验结果平均值，得到三种材料的静态试验拟合后的应力–应变曲线，如图 2-5（b）所示。进而得 2.25Cr1Mo0.25V 的初始屈服强度为 600MPa，3Cr1Mo0.25V 的初始屈服强度为 647MPa，1Cr18Ni9Ti 的初始屈服强度为 275MPa。

$$\sigma = \frac{F}{\pi D^2 / 4} \tag{2-41}$$

$$\varepsilon = \frac{x}{l_0} \tag{2-42}$$

式中，F 为试件承受压力；D 为试件初始直径；l_0 为试件初始长度；x 为压缩距离。

（a）静态试验设备

（b）1Cr18Ni9Ti 拉伸试件

（c）筒节材料压缩试件

图 2-4　静态试验

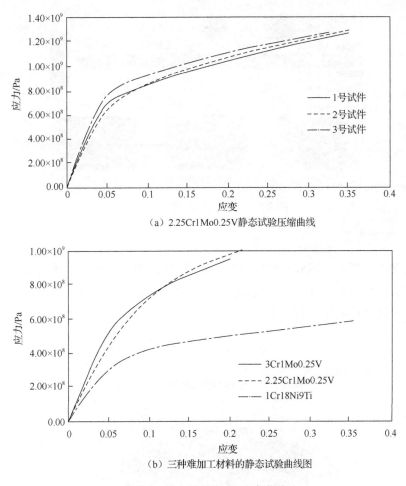

（a）2.25Cr1Mo0.25V静态试验压缩曲线

（b）三种难加工材料的静态试验曲线图

图 2-5　静态压缩应力-应变曲线

2.4.3　分离式霍普金森压杆试验

采用 SHPB 对高强度钢 2.25Cr1Mo0.25V 等三种材料进行高应变率和高温条件下的动态压缩试验，试验设备如图 2-6 所示，试件尺寸为ϕ8mm×5mm。试验过程中，常温动态压缩试验分别采用 0.4MPa、0.6MPa、0.8MPa 的气压推动撞击杆，而高温动态压缩试验只采用 0.6MPa 的气压进行撞击，每组进行三次，选取平均值作为试验结果。下面对试验所采用的记录和加温设备进行介绍。

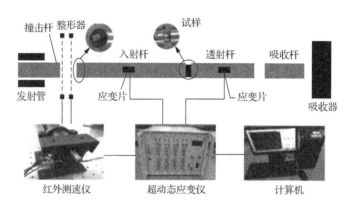

图 2-6　SHPB 试验装置系统简图

1. 测量装置

如图 2-7 所示，试验过程中利用应变片对压杆中的应力波信号进行提取，经过放大器对应力波信号进行放大处理，然后通过 Tektronix 示波器对试验波形进行记录。最终通过对原始数据进行计算、拟合得到材料的应力-应变曲线。

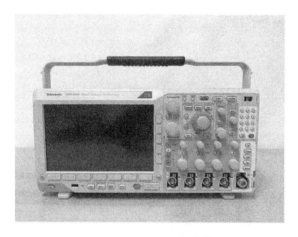

图 2-7　Tektronix 示波器

2. 加热装置

如图 2-8 所示，高温动态压缩试验采用高频电磁加热方法对试件进行加热。利用电磁感应在被加热试件内产生的涡流，对被加热试件进行涡流加热，然后通过红外测温探头提取试件温度状态，并将温度信息反馈给温度控制装置，直至温度达到预设值，然后保持恒温加热。

　　（a）高频加热器　　　　　（b）温度控制装置

图 2-8　高频加热器与温度控制装置

3. 试验结果

　　按照试验设计方案，对各种材料所获得的各组的三个试验数据进行优选，获得三种材料在不同应变率、不同温度下的真实应力-应变曲线。现以高强度钢 2.25Cr1Mo0.25V 为例，试验拟合数据后的真实应力-应变曲线如图 2-9 和图 2-10 所示。

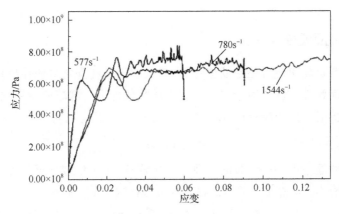

图 2-9　高强度钢 2.25Cr1Mo0.25V 常温不同应变率下应力-应变曲线

　　从图 2-9 中可以明显看出随着应变率的增加，材料的初始屈服强度值也明显提高。试验数据结果符合本构方程中关于应变率强化效应对材料应力的影响规律。

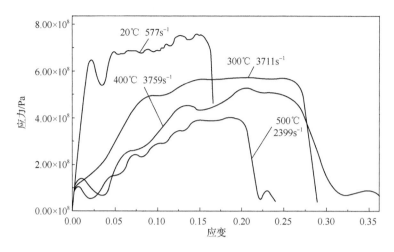

图 2-10　高强度钢 2.25Cr1Mo0.25V 不同温度下应力-应变曲线

从图 2-10 中可以看到高强度钢 2.25Cr1Mo0.25V 随温度的升高，材料的初始屈服强度值随之下降，温度越高，初始屈服强度值越低。这一现象符合温度强化效应对材料应力的影响规律。

2.5　三种典型材料本构关系模型的建立

2.5.1　确定应变强化系数

无论材料是高速变形还是低速变形,都会由于应变强化效应使材料出现强度、硬度增加,而塑性下降。对于常温准静态试验条件下,忽略应变率强化效应与热软化效应的影响,则 Johnson-Cook 本构关系模型可以简化为

$$\sigma = A + B\varepsilon^n \tag{2-43}$$

根据应变速率为 $10^{-3}\mathrm{s}^{-1}$ 时的准静态压缩试验测得的应力-应变曲线,得出静态条件下屈服应力 A,然后将式(2-43)两边进行取对数,得

$$\ln(\sigma - A) = \ln B + n\ln\varepsilon \tag{2-44}$$

根据 $\ln(\sigma - A) - n\ln\varepsilon$ 的线性形式,则直线斜率为 n,截距为 $\ln B$。通过拟合参数,可获得三种材料的 B、n 的拟合结果,见表 2-4。

表 2-4　三种典型材料 Johnson-Cook 模型参数

材料	A/MPa	B/MPa	n	C	m
1Cr18Ni9Ti	275	539.0	0.531	−0.0152	1.0147
2.25Cr1Mo0.25V	600	1474.3	0.675	0.0078	0.7958
3Cr1Mo0.25V	647	1847.6	0.718	−0.0175	0.3412

2.5.2　确定应变率强化系数

在常温情况下，Johnson-Cook 本构关系模型忽略温度对材料软化的影响，此时 Johnson-Cook 本构关系模型方程可简化为

$$\sigma_{\dot{\varepsilon}}\left(\varepsilon_i\right) = \sigma_{\dot{\varepsilon}=0.001}\left(\varepsilon_i\right)\left(1 + c \ln\frac{\dot{\varepsilon}}{\dot{\varepsilon}_0}\right) \tag{2-45}$$

式中，$\sigma_{\dot{\varepsilon}}\left(\varepsilon_i\right)$ 表示应变速率为 $\dot{\varepsilon}$，应变为 ε_i 时的应力；$\sigma_{\dot{\varepsilon}=0.001}\left(\varepsilon_i\right)$ 表示准静态下应变速率为 0.001s^{-1}，应变为 ε_i 时的应力。

令 $\bar{\sigma} = \sigma_{\dot{\varepsilon}} / \sigma_{\dot{\varepsilon}=0.001}\left(\varepsilon_i\right)$，式（2-45）可简化为

$$\bar{\sigma} - 1 = c \ln\frac{\dot{\varepsilon}}{\dot{\varepsilon}_0} \tag{2-46}$$

2.5.3　确定热软化系数

热软化系数 m 就是用于表征温度对材料流动应力的影响参数。随着温度的升高，材料的流动应力就会随之降低，不同的材料在相同条件下，流动应力的降低幅度是不同的。如果不考虑应变强化效应和应变速率强化效应的影响，那么 Johnson-Cook 方程可以简写成

$$\sigma_{T(\varepsilon_i, \dot{\varepsilon}_i)} = \sigma_{rT}\left(\varepsilon_i, \dot{\varepsilon}_i\right)\left[1 - \left(T^*\right)^m\right] \tag{2-47}$$

2.5.4　三种典型材料的本构关系模型

综合以上各步骤，通过各步拟合、计算，最终获得了不锈钢 1Cr18Ni9Ti 和高强度钢 2.25Cr1Mo0.25V、3Cr1Mo0.25V 三种典型材料的 Johnson-Cook 模型参数如表 2-4 所示。

由表 2-4 中各模型参数可得三种材料的本构方程[18]。

1Cr18Ni9Ti 的 Johnson-Cook 模型：

$$\sigma = \left[275 + 539\varepsilon^{0.531}\right]\left[-0.0152\ln\left(\dot{\varepsilon}/\dot{\varepsilon}_0\right)\right]\left(1 - \theta^{1.0147}\right) \tag{2-48}$$

2.25Cr1Mo0.25V 的 Johnson-Cook 模型：

$$\sigma = \left[600 + 1474\varepsilon^{0.675}\right]\left[1 + 0.0078\ln\left(\dot{\varepsilon}/\dot{\varepsilon}_0\right)\right]\left(1 - \theta^{0.7958}\right) \tag{2-49}$$

3Cr1Mo0.25V 的 Johnson-Cook 模型：

$$\sigma = \left[647 + 1847\varepsilon^{0.718}\right]\left[1 - 0.0175\ln\left(\dot{\varepsilon}/\dot{\varepsilon}_0\right)\right]\left(1 - \theta^{0.3412}\right) \tag{2-50}$$

以上三种典型材料的本构关系模型为第 3 章切削过程的力热数值模拟提供材料参数。

2.6 本 章 小 结

（1）通过对材料在切削过程中的应变强化、应变率强化和热软化效应的理论分析，结合一维应力波传播下材料内部微元的变形公式推导，确定了 Johnson-Cook 模型中各部分参数的含义，提出了各参数的获取方法。

（2）结合静态试验获得了三种典型材料的屈服强度值并拟合出了准静态条件下的参数 B、n 的数值；通过 SHPB 试验，建立了不同应变率、不同温度条件下材料的应力-应变曲线，拟合出了较大应变率变化范围内的应变率强化系数 C 和较高温度范围内的温度软化系数 m，最终推导出了三种典型材料的本构方程。

参 考 文 献

[1] 刘丽娟. 钛合金 Ti-6Al-4V 修正本构模型在高速铣削中的应用研究[D]. 太原: 太原理工大学, 2013.

[2] Calamaz M, Coupard D, Girot F. A new material model for 2D numerical simulation of serrated chip formation when machining titanium alloy Ti-6Al-4V[J]. International Journal of Machine Tools and Manufacture, 2008, 48(3-4): 275-288.

[3] Sima M, Özel T. Modified material constitutive models for serrated chip formation simulations and experimental validation in machining of titanium alloy Ti-6Al-4V[J]. International Journal of Machine Tools and Manufacture, 2010, 50(11): 943-960.

[4] Zhang Y, Mabrouki T, Nelias D, et al. Cutting simulation capabilities based on crystal plasticity theory and discrete elements[J]. Journal of Materials Processing Technology, 2014, 212(4): 936-953.

[5] Sz A, Jie L, Xin D A. Modification of strain rate strengthening coefficient for Johnson-Cook constitutive model of Ti6Al4V alloy[J]. Materials Today Communications, 2021, 26(1): 102-116.

[6] Mirone G, Barbagallo R, Giudice F. Locking of the strain rate effect in Hopkinson bar testing of a mild steel[J]. International Journal of Impact Engineering, 2019, 130(1): 97-112.

[7] Campbell J D, Ferguson J D, Philmag W G. High strain rate effects on the strain of alloy steels[J]. Materials Processing Technology, 1970, 12(11): 210-212.

[8] Seo S, Min O, Yang H. Constitutive equation for Ti-6Al-4V at high temperatures measured using the SHPB technique[J]. International Journal of Impact Engineering, 2005, 31(6): 735-754.

[9] Majzoobi G H, Khosroshahi S, Mohammadloo H B. Determination of the constants of Zerilli-Armstrong constitutive relation using genetic algorithm[J]. Advanced Materials Research, 2011, 264-265: 862-870.

[10] 张宏建, 温卫东, 崔海涛, 等. Z-A 模型的修正及在预测本构关系中的应用[J].航空动力学报, 2009, 24(6): 1311-1315.

[11] Shi H, Mclaren A J, Sellars C M, et al. Constitutive equations for high temperature flow stress of aluminium alloys[J]. Metal Science Journal, 1997, 13(3): 210-216.

[12] Lin Y C, Liu G. A new mathematical model for predicting flow stress of typical high-strength alloy steel at elevated high temperature[J]. Computational Materials Science, 2010, 48(1): 54-58.

[13] 杨挺青. 粘弹塑性本构理论及其应用[J]. 力学进展, 1992, 22(1): 10-19.

[14] 赵习金. 分离式霍普金森压杆试验技术的改进和应用[D]. 长沙: 国防科技大学, 2003.

[15] 刘文建. 霍普金森杆在复合材料动态测试中的应用[J]. 纤维复合材料, 2005, 22(2): 44-46.

[16] 李永福. 硬质合金刀具切削 2.25Cr1Mo0.25V 粘结破损形成过程及其预报研究[D]. 哈尔滨: 哈尔滨理工大学, 2014.

[17] 王建华, 闻伟, 刘志峰, 等. 超(变)频电磁感应锅炉电源的研究与设计机[J]. 现代制造工程, 2009, 8(1): 126-129.

[18] 李哲. 硬质合金刀具切削高强度钢力热特性及粘结破损机理研究[D]. 哈尔滨: 哈尔滨理工大学, 2013.

第 3 章　硬质合金刀具黏结破损过程的力热特性分析

切削加工过程中，切削力和切削热对于刀具的磨损和破损具有重要的影响。分析刀具所受切削力的大小及其分布规律和刀具热应力分布规律，对研究刀具的黏结破损机理具有重要意义。

3.1　刀-屑界面接触应力分布

3.1.1　硬质合金刀具与切屑接触区作用力

1. 硬质合金刀具几何参数的确定

本节通过切削筒节材料试验，分析硬质合金刀具的黏结破损过程中刀-屑界面的应力变化规律。试验中统一选用前角 20°，后角 0°，H 形槽型的可转位硬质合金方刀具，如图 3-1 所示。本节以硬质合金刀具材料 YT15 为主要研究对象，试验时采用不同牌号的硬质合金刀具进行切削对比。

图 3-1　H 形方刀具

2. 切屑底面与刀具前刀面接触模型

工件在切削过程中产生切屑的过程是切削层金属的弹塑性变形过程。因此切屑从工件分离后，其底面表面即使看起来很平滑，实际上会有无数的微小凹凸体。硬质合金刀具由硬质相与黏结剂在高温高压下烧结而成，表面虽然看上去很平整，但经过放大后可看出表面非常粗糙且凸凹不平，如图 3-2 所示。

图 3-2　放大 1000 倍后的刀具表面形貌

切屑经由刀具前刀面流出时，沿着刀-屑接触长度方向，切屑底面与刀具前刀面接触状态是不同的。在刀-屑接触长度方向上，刀-屑接触区域分为黏结区和滑动区，黏结区的长度占刀-屑接触总长度的 1/2～2/3，如图 3-3 所示。

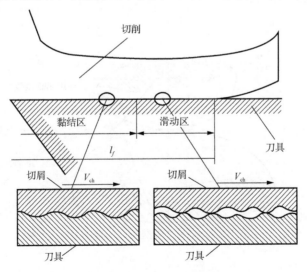

l_f 为刀-屑接触长度，V_{ch} 为运动速度

图 3-3　刀-屑接触区域划分

　　从第一变形区流出的新鲜切屑的底面有许多微凸体，在刀-屑的接触面上作用着非常大的正应力，因此在刀-屑接触的黏结区，切屑底面与刀具前刀面在压力作用下，切屑底面材料瞬时发生塑性变形，部分切屑底面材料填补了刀具表面的凹坑而发生冷焊，表现为紧密型面接触，黏结区的放大如图3-3所示。由于刀具材料的硬度远大于工件材料的硬度，所以刀-屑接触相当于刀具前刀面的微凸体压入切屑的底面内。这个区域的摩擦状态为内摩擦，摩擦力计算不遵守库伦法则，实际接触面积近似等于名义接触面积。

　　在刀-屑接触的黏结区，由于切屑以较高的运动速度 V_{ch} 在前刀面上滑动，而切屑底面与刀具表面已经紧密接触，当黏结区内刀-屑间的剪切力能够使刀具表面的凸体发生剪切时，则刀具材料被切屑带走。由于刀具材料相对工件材料要硬，当剪切力不能破坏刀具表面凸体的强度时，切屑内部的滞留层会相对接触面产生波浪形滑动。

　　当切屑沿刀-屑接触长度方向到达刀-屑接触滑动区时，由于正压力变小，切屑底面的变形并未全部发生塑性变形，而仅仅是切屑底面部分微凸体发生了塑性变形。此时，切屑底面与前刀面属于部分面接触状态，即切屑底面微凸体与刀具前刀面的微凸体相接触，实际接触面积小于名义接触面积。

　　在刀-屑接触的滑动区，切屑底面与刀具前刀面的接触状态为点对点的接触状态，即部分面接触状态。此时在分析滑动区刀-屑接触面内的压力时，可以采用点对点的接触模型，如图3-4所示。

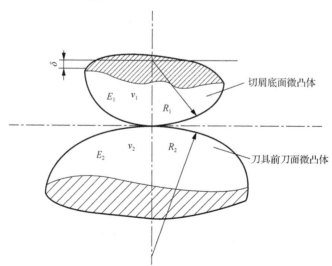

图3-4　切屑与刀具点对点接触模型

将两个微凸体近似看作半径分别为 R_1 和 R_2 的半球体，其纵向弹性模量分别

为 E_1、E_2，泊松比分别为 v_1、v_2。根据赫兹的固体接触理论[1]可知：

$$a = \left[\frac{3}{4} \cdot \frac{R_1 R_2}{R_1 + R_2} \left(\frac{1-v_1^2}{E_1} + \frac{1-v_2^2}{E_2} \right) W \right]^{\frac{1}{3}} \tag{3-1}$$

$$P = P_0 \left(1 - \frac{r^2}{a^2} \right)^{\frac{1}{2}} \tag{3-2}$$

$$P_0 = \frac{1}{\pi} (6W)^{\frac{1}{3}} \left(\frac{R_1 R_2}{R_1 + R_2} \right)^{\frac{2}{3}} \times \left(\frac{1-v_1^2}{E_1} + \frac{1-v_2^2}{E_2} \right)^{-\frac{2}{3}} \tag{3-3}$$

$$\delta = \left(\frac{9}{16} \cdot \frac{R_1 R_2}{R_1 + R_2} \right)^{\frac{1}{3}} \left[\left(\frac{1-v_1^2}{E_1} + \frac{1-v_2^2}{E_2} \right) W \right]^{\frac{2}{3}} \tag{3-4}$$

式中，a 为两微凸体接触圆半径；P 为接触面内与接触中心线垂直距离为 r 处点的压力；P_0 为接触中心处的压力，即 $r=0$ 处；δ 为两圆中心彼此接近的距离。

随着切削过程的进行，刀-屑接触黏结区产生了大量的切削热，切削热使切屑底面材料发生了热软化效应，降低了材料硬度，使得在刀-屑接触滑动区内的刀-屑接触状态发生了变化，切屑底面微凸体发生了塑性变形，靠近黏结区的一部分区域由点接触变为了面接触，此时接触面内的刀-屑接触采用微凸体与平面接触的物理模型，如图 3-5 所示。

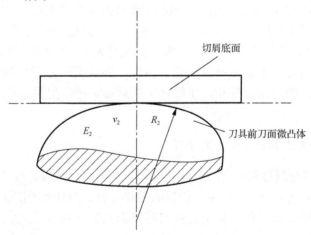

图 3-5　切屑与刀具的点对面接触模型

如果把切屑底面看作球面，即切屑底面微凸体的半径 R_1 为无穷大，则

$$a = \frac{3}{4} R_2 \left(\frac{1-v_1^2}{E_1} + \frac{1-v_2^2}{E_2} \right) \tag{3-5}$$

$$P = P_0 \left(1 - \frac{r^2}{a^2} \right)^{\frac{1}{2}} \tag{3-6}$$

$$P_0 = \frac{1}{\pi} (6W)^{\frac{1}{3}} (R_2)^{\frac{2}{3}} \times \left(\frac{1-v_1^2}{E_1} + \frac{1-v_2^2}{E_2} \right)^{-\frac{2}{3}} \tag{3-7}$$

$$\delta = \left(\frac{9}{16} \cdot R_2 \right)^{\frac{1}{3}} \left[\left(\frac{1-v_1^2}{E_1} + \frac{1-v_2^2}{E_2} \right) W \right]^{\frac{2}{3}} \tag{3-8}$$

在上述切屑底面与刀具前刀面相处接触作用的两个区域，刀-屑接触面内的最大压应力 $\sigma_{r\max}$，最大拉伸应力 $\sigma_{\max}$，最大剪应力 $\tau_{\max}$ 分别为

$$\sigma_{\max} = -P_0, \quad r = z = 0 \tag{3-9}$$

$$\sigma_{r\max} = \frac{(1-2v)P_0}{3}, \quad r = a, z = 0 \tag{3-10}$$

$$\tau_{\max} = \frac{\sigma_{\max} - \sigma_{\min}}{2} = \frac{P_{\max}}{2} \left[\frac{1.5}{1+(z/a)^2} - (1+v)\frac{z}{a}\arctan\frac{a}{z} \right] \tag{3-11}$$

$$= \left[0.614 - 0.234(1+v) \right] P_0, \quad r = 0, z = 0.47a$$

式中，z 为接触面上的点与过接触中心线水平面的垂直距离。

根据特雷斯卡的最大剪应力学说，即当式（3-11）中的 $\tau_{\max}$ 超过材料单轴拉伸时屈服应力的 1/2 时，切屑底面的微凸体就会发生塑性变形[2]。在刀-屑接触的滑动区，随着接触模型的变化，相当于刀-屑接触的黏结区变大了，随着黏结区接触面积的增大，刀-屑之间发生元素扩散的面积增大了。扩散面积的增大也加速了元素的扩散，为刀具的黏结破损提供了条件。黏结区一旦发生黏结破损现象，会改变黏结区内的正压力分布，使得黏结区后移，即发生黏结破损区域也逐步后移。

3. 硬质合金刀具前刀面受力分析

刀具在切削金属过程中实际上是"挤削"，这种挤压效应是造成切屑横截面流速不同的主要因素之一，即产生了切屑的卷曲。假定刀具为无倒圆或倒棱的锋利刚体，切削过程中的切削力与切屑及工件对刀具的作用合力为相互作用力，如图 3-6（a）所示。

由图 3-6（a）可知刀具在切削过程中所受到的作用力 F，是由切屑对前刀面的作用力 F_y 和工件对后刀面的作用力 F_a 组成，刀具前刀面受到的作用力除了切屑对刀具的法向正压力 F_{ay} 外，还有由于切屑的上行卷曲及横向卷曲产生的剪切应力 F_{fy}。当后角为正值时，后刀面和工件之间理论上没有接触，刀具切削过程中

受到的作用力主要是切屑对前刀面的作用力[3]。由上文中刀具前刀面的刀-屑接触区的接触模型分析可知，黏结区和滑动区的区别主要是在于正压力数值的影响，因此对硬质合金刀具黏结破损的研究主要是在前刀面上正压力的分析上。前刀面的受力情况如图 3-6（b）所示，刀具前刀面所受切削合力 F 可由测力仪测出的 F_x、F_y 和 F_z 三向分力的合力表示，如图 3-6（c）所示。法向力 F_n 可由 F_x、F_y 和 F_z 三向分力作用在前刀面的法向分力的合力表示，即 $F_n = F_{nx} + F_{ny} + F_{nz}$。图 3-6（b）中 β 为前刀面上摩擦角，l_f 为刀-屑接触长度。

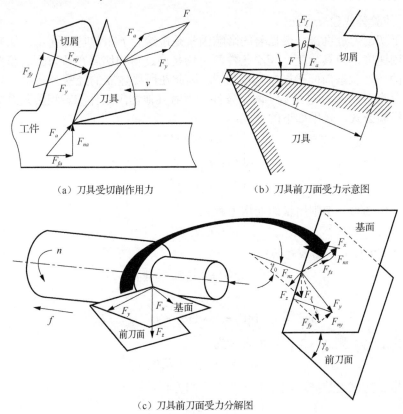

（a）刀具受切削作用力　　　　　　　　（b）刀具前刀面受力示意图

（c）刀具前刀面受力分解图

图 3-6　硬质合金刀具受力模型

按照图 3-6（c）所示分向力的分解关系，通过分析计算可以得

$$F_{nx} = F_x \sin K_r \sin \gamma_0, \quad F_{ny} = F_y \cos K_r \sin \gamma_0, \quad F_{nz} = F_z \cos \gamma_0$$

式中，F_{nx} 为 F_x 垂直于前刀面的分力；F_{ny} 为 F_y 垂直于前刀面的分力；F_{nz} 为 F_z 垂直于前刀面的分力；K_r 为刀具的主偏角。

因此，在前刀面上正压力合力为

$$F_n = F_{nx} + F_{ny} + F_{nz} \tag{3-12}$$

前刀面所受切向力的合力 F_f 为

$$F_f = F_{fx} + F_{fy} + F_{fz} \qquad (3\text{-}13)$$

总的合力为

$$F = \sqrt{F_x^2 + F_y^2 + F_z^2} = \sqrt{F_f^2 + F_n^2} \qquad (3\text{-}14)$$

3.1.2 刀具表面受力密度函数的建立

1. 建立切削力经验公式

1）经验公式建立方法

由于切削力最直接、最显著的影响因素是进给量 f 和背吃刀量 a_p，而其他条件如切削速度、刀具角度、润滑条件等，均是通过影响切屑在前刀面的摩擦状态或切屑的变形状态而间接影响切削力[4]。因此在所要建立的经验公式中，只明显计入了背吃刀量 a_p 和进给量 f 两个条件，而对其他切削条件的影响回归系数计入切削力经验公式，采用如下的公式：

$$\begin{cases} F_x = C_x a_p^{a_x} f^{b_x} \\ F_y = C_y a_p^{a_y} f^{b_y} \\ F_z = C_z a_p^{a_z} f^{b_z} \end{cases} \qquad (3\text{-}15)$$

建立切削力与切削用量的通用方程为

$$F_i = C_i a_p^{a_i} f^{b_i} \qquad (3\text{-}16)$$

将式（3-16）两边取对数得

$$\lg F_i = \lg C_i + a_i \lg a_p + b_i \lg f \qquad (3\text{-}17)$$

令

$$\lg F_i = Y_i, \quad \lg C_i = x_i, \quad \lg a_p = D, \quad \lg f = E$$

式中，$i = x, z, y$，则式（3-17）可表示为

$$Y_i = x_i + D_j a_i + E_k b_i \qquad (3\text{-}18)$$

依据正交试验数据，建立多元线性回归方程：

$$\begin{cases} y_{i1} = x_i + D_1 a_i + E_1 b_i \\ y_{i2} = x_i + D_2 a_i + E_2 b_i \\ \quad \vdots \\ y_{i9} = x_i + D_9 a_i + E_9 b_i \end{cases} \qquad (3\text{-}19)$$

令

$$A = \begin{bmatrix} 1 & D_1 & E_1 \\ 1 & D_2 & E_2 \\ \vdots & \vdots & \vdots \\ 1 & D_9 & E_9 \end{bmatrix}, X = \begin{bmatrix} x_i \\ a_i \\ b_i \end{bmatrix}, Y = \begin{bmatrix} y_{i1} \\ y_{i2} \\ \vdots \\ y_{i9} \end{bmatrix}$$

则式（3-19）用矩阵形式可表示为

$$Y = A \cdot X \tag{3-20}$$

采用最小二乘估计法，利用 MATLAB 软件编写求解回归系数的程序，求出各个系数，便可求出切削力的经验公式[5]。

2）切削力经验公式的试验设计

试验装置：试验机床为 CA6136 数控车床，采用 Kistler9257B 测力仪、电荷放大器结合数据采集卡测量切削力，记录 F_x、F_y、F_z 三个方向的切削力分量信号，加工设备与测量装置如图 3-7 所示。

图 3-7　加工设备与测量装置

工件材料：2.25Cr1Mo0.25V 棒料，其化学成分如表 2-1 所示。

试验刀具：硬质合金刀具材料 YT15，刀具前角 20°，后角 0°，主偏角 45°。

试验方案：正交试验，选择的切削参数如表 3-1 所示。

表 3-1　正交试验切削参数表

序号	背吃刀量 a_p/mm	进给量 f/(mm/r)
1	1.0	0.10
2	2.0	0.15
3	3.0	0.20

3）切削力经验公式建立

YT15 切削力试验数据如表 3-2 所示。

依据所建立的切削力公式（3-16），对切削参数及切削力求对数，数值结果如表 3-3 所示，用 MATLAB 软件中的反斜杠算法，编写程序并代入数据后，可求出切削力经验公式中的各系数值如表 3-4 所示[6]。

表 3-2　YT15 切削力试验数据

序号	a_p/mm	f/(mm/r)	F_x/N	F_y/N	F_z/mm
1	1.0	0.10	274	304	363
2	2.0	0.15	619	649	719
3	2.5	0.20	814	1036	1111
4	1.0	0.15	335	291	378
5	2.0	0.20	848	1027	1187
6	2.5	0.10	942	823	953
7	1.0	0.20	528	547	525
8	2.0	0.10	580	543	703
9	2.5	0.15	817	769	814

表 3-3　YT15 切削力求对数后数值表

$\lg a_p$	$\lg f$	$\lg F_x$	$\lg F_y$	$\lg F_z$
0.00	−1.00	2.438	2.483	2.560
0.30	−0.82	2.792	2.812	2.857
0.40	−0.70	2.910	3.015	3.046
0.00	−0.82	2.525	2.464	2.577
0.30	−0.70	2.928	3.011	3.074
0.40	−1.00	2.974	2.915	2.979
0.00	−0.70	2.723	2.738	2.712
0.30	−1.00	2.763	2.735	2.847
0.40	−0.82	2.912	2.880	2.910

表 3-4　YT15 切削力经验公式中的系数值

分力	C_i	a_i	b_i
F_x	547.01	0.9159	0.4029
F_y	1284.98	0.9488	0.6501
F_z	1011.58	0.9344	0.4503

将求出的数值代入式（3-15），可得 YT15 切削力经验公式如下：

$$\begin{cases} F_x = 547.01 a_p^{0.9159} f^{0.4029} \\ F_y = 1284.98 a_p^{0.9488} f^{0.6501} \\ F_z = 1011.58 a_p^{0.9344} f^{0.4503} \end{cases} \tag{3-21}$$

2. 建立刀–屑接触面积计算模型

试验装置：试验机床为 CK6136A 数控机床。

工件材料：2.25Cr1Mo0.25V 棒料。

试验刀具：硬质合金刀具材料 YT15，试验前对刀具进行涂色、涂层处理。首先，在刀具表面涂上红色的高锰酸钾溶液，待其自然风干后再涂上一层油漆，增强涂色效果，减少切屑的不规则流动对刀–屑接触面积的影响。

试验方法：单因素试验，背吃刀量单因素切削时取 v=160m/min，f=0.15mm/r；进给量单因素切削时取 a_p=2.0mm，v=160m/min。切削参数如表 3-5 所示。

表 3-5 单因素试验切削参数表

序号	切削速度 v/(m/min)	背吃刀量 a_p/mm	进给量 f/(mm/r)
1	160	1.5	0.10
2	160	2.0	0.15
3	160	2.5	0.20

采用单因素试验方法进行刀–屑接触面积试验后的刀具如图 3-8 所示。可明显看到刀具前刀面上黏结有切屑，用酒精将切屑腐蚀掉后就可以测量刀–屑接触宽度和长度值，如表 3-6 所示。

图 3-8 试验前后的涂色刀具形貌

表 3-6　YT15 切削后的刀-屑接触长度 l_f 与刀-屑接触宽度 l_{ap} 值

序号	刀-屑接触长度 l_f/mm	进给量 f/(mm/r)	刀-屑接触宽度 l_{ap}/mm	背吃刀量 a_p/mm
1	0.73	0.10	1.42	1.0
2	1.35	0.15	2.93	2.0
3	1.97	0.20	3.74	2.5

　　刀-屑接触面积近似看作一个矩形，即看作刀-屑接触长度与刀-屑接触宽度的乘积。而刀-屑接触长度与进给量关系紧密，刀-屑接触宽度与背吃刀量关系紧密，因此我们把它们的关系进行了分析：从表 3-6 中的数据规律可以明显地看出，随着进给量 f 的增加，刀-屑接触长度 l_f 是增加的；随着背吃刀量 a_p 的增加，刀-屑接触宽度 l_{ap} 也是逐渐增加的[7]。

　　从图 3-9 和图 3-10 可以更直观地看出刀-屑接触长度和进给量、刀-屑接触宽度和背吃刀量之间的关系。

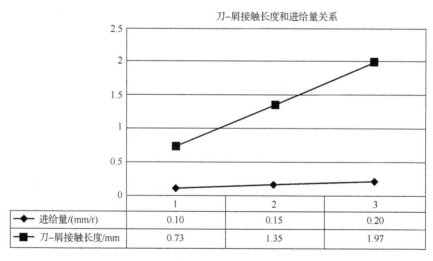

图 3-9　刀-屑接触长度 l_f 随 f 的变化情况

　　将刀-屑接触长度和刀-屑接触宽度、进给量和背吃刀量之间对应关系进行数据拟合，方法如下：首先由数据 x_i，y_i 计算 $x_i y_i$，然后将表中每列 n 个数据相加后写在表的最后一行，如表 3-7 所示。

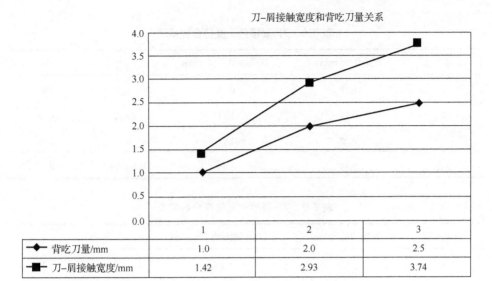

图 3-10 刀−屑接触宽度 l_{ap} 随 a_p 的变化情况

表 3-7 数据拟合表

试验序号	x_i（自变量）	y_i（因变量）	x_i^2	$x_i y_i$
1	x_1	y_1	x_1^2	$x_1 y_1$
2	x_2	y_2	x_2^2	$x_2 y_2$
⋮	⋮	⋮	⋮	⋮
合计	$\sum\limits_{i=1}^{n} x_i$	$\sum\limits_{i=1}^{n} y_i$	$\sum\limits_{i=1}^{n} x_i^2$	$\sum\limits_{i=1}^{n} x_i y_i$

根据表（3-7），按照一元线性方程对数据进行拟合，得

$$na + \sum_{i=1}^{n} x_i = \sum_{i=1}^{n} y_i , \quad \sum_{i=1}^{n} x_i a + \sum_{i=1}^{n} x_i^2 b = \sum_{i=1}^{n} x_i y_i$$

求解上述方程，可得系数 a、b 的值。

在此以硬质合金刀具材料 YT15 的刀−屑接触面积为例，从之前的分析可以看出：刀−屑接触宽度 l_{ap} 随背吃刀量 a_p、刀−屑接触长度 l_f 随进给量 f 之间大体呈线性关系，因此，将刀−屑接触宽度 l_{ap} 和刀−屑接触长度 l_f 作为自变量 x，将背吃刀量 a_p 和进给量 f 作为因变量 y，得到刀−屑接触宽度数据拟合方程形式为

$$l_f = a_1 + b_1 f$$

刀−屑接触宽度数据拟合方程：$l_{ap} = a_2 + b_2 a_p$。

将试验数据及相关计算数据代入表 3-7，得到刀−屑接触长度的拟合数据（表 3-8）和刀−屑接触宽度的拟合数据（表 3-9）。

表 3-8　刀-屑接触长度拟合数据表

试验序号	进给量 f/(mm/r)	刀-屑接触长度 l_f/mm	f^2	$f \cdot l_f$
1	0.10	0.73	0.01	0.07
2	0.15	1.35	0.0225	0.20
3	0.20	1.97	0.04	0.39
合计	0.45	4.05	0.0725	0.67

表 3-9　刀-屑接触宽度拟合数据表

试验序号	背吃刀量 a_p/mm	刀-屑接触宽度 l_{ap}/mm	a_p^2	$a_p \cdot l_{ap}$
1	1.0	1.42	1	1.42
2	2.0	2.93	4	5.86
3	2.5	3.74	6.25	9.35
合计	5.5	8.09	11.25	16.63

将数据代入拟合方程，可得

$$\begin{cases} a_1 = -0.51 \\ b_1 = 12.4 \end{cases}, \quad \begin{cases} a_2 = -0.13 \\ b_2 = 1.54 \end{cases}$$

即刀-屑接触宽度 l_{ap} 随背吃刀量 a_p 的线性关系、刀-屑接触长度 l_f 随进给量 f 的线性关系如下：

$$\begin{cases} l_f = 12.4f - 0.51 \\ l_{ap} = 1.54a_p - 0.13 \end{cases} \tag{3-22}$$

$$\begin{cases} f = \dfrac{l_f + 0.51}{12.4} = 0.08l_f + 0.04 \\ a_p = \dfrac{l_{ap} + 0.13}{1.54} = 0.65l_{ap} + 0.08 \end{cases} \tag{3-23}$$

3. 刀具表面受力密度函数及其应力分布规律

1）刀具表面受力密度函数

以硬质合金刀具材料 YT15 为例：将刀-屑接触面积与切削参数的关系与刀具切削时的动态切削力联立起来，我们就可以得到刀具所受切削力的分布情况。

将式（3-20）代入式（3-18），得

$$\begin{cases} F_x = 547.0\left(0.65l_{ap} + 0.08\right)^{0.9159}\left(0.08l_f + 0.04\right)^{0.4029} \\ F_y = 1284.98\left(0.65l_{ap} + 0.08\right)^{0.9488}\left(0.08l_f + 0.04\right)^{0.6501} \\ F_z = 1101.58\left(0.65l_{ap} + 0.08\right)^{0.9344}\left(0.08l_f + 0.04\right)^{0.4503} \end{cases} \quad (3\text{-}24)$$

对式（3-24）中与刀-屑接触面积有关的参数求偏导数，即对刀-屑接触长度 l_f 和刀-屑接触宽度 l_{ap} 求偏导数：

$$\begin{cases} f_x = \dfrac{\partial F_x}{\partial l_{ap} \partial l_f} = 10.49\left(0.65l_{ap} + 0.08\right)^{-0.0841}\left(0.08l_f + 0.04\right)^{-0.5971} \\ f_y = \dfrac{\partial F_y}{\partial l_{ap} \partial l_f} = 41.21\left(0.65l_{ap} + 0.08\right)^{-0.0512}\left(0.08l_f + 0.04\right)^{-0.3499} \\ f_z = \dfrac{\partial F_z}{\partial l_{ap} \partial l_f} = 24.10\left(0.65l_{ap} + 0.08\right)^{-0.0656}\left(0.08l_f + 0.04\right)^{-0.5497} \end{cases} \quad (3\text{-}25)$$

式（3-25）即为硬质合金刀具材料 YT15 表面受力密度函数[8]。

从前面的分析可知，刀具前刀面受力情况仅和刀具材质本身相关，刀具受刀-屑的作用力随切削参数的变化正比增加，不会发生质变，因此，刀具受力密度函数可用于刀具材质和工件材料相同的其他切削参数的连续加工中刀具的前刀面的受力情况分析。

2）刀具表面受力密度函数的分布规律

得到刀具表面受力密度函数之后，要想进一步探讨其分布规律，首先要将受力密度函数用图形表示出来，利用 MATLAB 数据处理软件对表面受力密度函数进行可视化绘图，即可得到 H 形硬质合金刀具表面受力密度函数的分布模型[9]，如图 3-11 所示。

从受力密度函数的可视化图（图 3-11）中可以看出，密度函数集中分布在刀尖区域附近，即切削力相对集中在刀尖附近区域，而且距离刀具刀尖位置越近，密度函数数值越大，变化越剧烈。从分布模型还可以看出，三向切削分力 F_x、F_z 和 F_y 的密度函数值在刀-屑接触宽度方向上比刀-屑接触长度方向上的数值要大，即主切削刃方向上比副切削刃方向上的数值大，相当于主切削刃方向的切削力大于副切削刃方向上的切削力[10]。

从图 3-11（d）和图 3-11（e）中还可以看出，主切削力 F_z 的受力密度函数值在刀尖处和主切削刃方向上都大于 F_x 和 F_y 的数值，表明在 H 形硬质合金刀具的切削过程中，主切削力对刀尖和主切削刃的影响最大。综合起来看，H 形硬质合金刀具在切削过程中的切削力在前刀面的分布，主要集中在刀尖区域附近和主切削刃方向上。

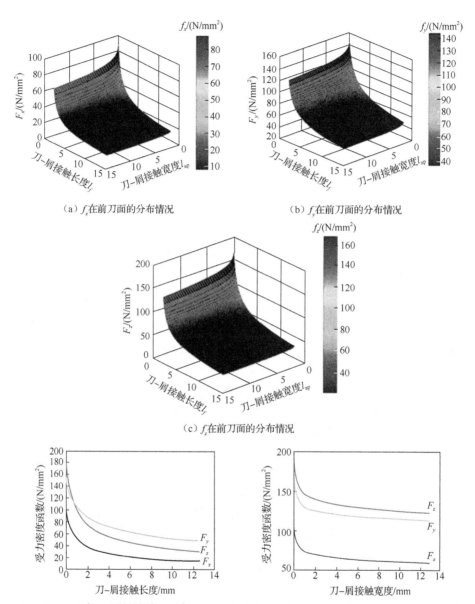

（a）f_x在前刀面的分布情况　　　　　　　（b）f_y在前刀面的分布情况

（c）f_z在前刀面的分布情况

（d）F_x、F_y、F_z在刀-屑接触长度上的受力密度函数　　（e）F_x、F_y、F_z在刀-屑接触宽度上的受力密度函数

图 3-11　受力密度函数分布

3.2　刀-屑界面温度分布

切削热和由此产生的切削温度是切削过程中的一个重要现象，是分析刀具磨损和破损以及影响加工质量的重要因素。切削温度直接影响刀具内的热应力分布，尤其是加工一些难加工材料时，散热条件极差，刀具承受着很高的温度，刀具极易产生磨损和破损。

3.2.1　切削热产生及传导

1. 热传递模型

在金属切削过程中，刀具对工件保持较大的作用力，并产生较高的热量。其中弹性变形的能量以应变能的形式储存在变形体中，在变形过程中，这部分能量并不消耗；而塑性变形的能量转变为切削热，切削热将导致刀具、工件及切屑的温度上升。在金属切削过程中弹性变形的能量可以忽略不计，主要考虑塑性变形的能量。

在切削变形中存在三个塑性变形区，每个塑性变形区都可以看作一个面热源，故切削区域一共存在三个发热源[11]，其热能分配比如图 3-12 所示。

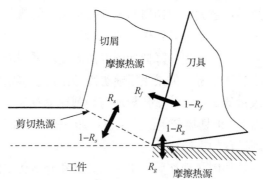

图 3-12　切削热的产生及传导模型

第一变形区主要是由于工件在刀具的作用力下产生塑性变形而释放的变形量，这部分热量大部分进入切屑，另一部分进入工件，进入切屑的热能分配比为 R_s，则进入工件的热能分配比为 $1-R_s$。第二变形区主要是从第一变形区流出的切屑与刀具前刀面发生摩擦而产生的摩擦热，一部分热量被切屑带走，进入切屑的热能分配比为 R_f，另外一部分传递给刀具，热能分配比为 $1-R_f$。第三变形区是刀具后刀面与工件摩擦而产生的摩擦热，传递给工件的热能分配比为 R_g，进入刀具的热能分配比为 $1-R_g$。

2. 切削热产生与传导机制

1）切削热的产生

切削热的产生主要是由于切削功耗产生，而切削中的功耗主要是切削功（包括变形功和摩擦功）及工件加工表面晶格畸变时的晶格能。切削时所消耗的能量有98%~99%转换为切削热[12]。

金属切削过程中，利用金属切削刀具切除工件上多余的金属，从而使工件的几何形状、尺寸精度及表面质量都符合预定的要求，在这一过程中，刀具对工件保持较大的作用力，同时产生较高的热量。其中弹性变形的能量以应变能的形式储存在变形体中，在变形过程中，这部分能量并不消耗；而塑性变形的能量转变为切削热，切削热将导致刀具、工件及切屑的温度上升。

2）切削热的传导

切削热的传导主要以热传导的方式向周围传播，而以辐射和对流方式传导的切削热很少。影响切削热传导的主要影响因素是工件和刀具材料的导热系数以及周围介质的状况。一般情况下，切削热大部分由切屑带走和传入工件，所以保证刀具能正常工作[13]。

工件材料的导热系数越大，由切屑和工件传导出去的热量就越多，切削区温度就越低，但整个工件的温度上升较快。刀具材料的导热系数越高，则切削区的热量就越容易从刀具传出去，也能降低切削区的温度。采用冷却性能好的切削液能使切削区内的温度显著下降，如果采用喷雾冷却法，使雾状的切削液在切削区受热汽化，能吸收大量的热量。热量传导还与切削速度有关，切削速度增加时，由摩擦生成的热量增多，但切屑带走的热量也增加，故工件和刀具中的热量减少，这样有利于金属切削过程的进行。

不同的加工方法其切削热由切屑、工件、刀具和介质传出的比例是不同的。切削时，50%~86%由切屑带走，10%~40%传入刀具，3%~9%传入工件，1%左右传入空气[14]。

一般情况下，所谓切削温度是指温度达到稳定状态时的刀具前刀面与切屑接触面上的平均温度。选定这个部位上的温度作为切削温度的代表有如下3点原因：

（1）温度测定比其他部分简单。

（2）与刀具磨损、刀具耐用度以及切削机理有密切的关系。

（3）与工件加工表面质量的好坏、加工精度的高低有密切的关系。

因此，把这个部分上的温度即狭义的切削温度作为表示切削状态的一个参数。为了更准确地研究刀具前刀面的受热情况、温度场分布情况和切削热对刀具磨损破损的影响，对剪切面和刀具与切屑接触面的温度及分布进行研究。

3.2.2　切削热的计算和热能分配比的求解

在研究切削温度时，为了研究主要因素，需要对实际切削温度的研究做简化假设。

（1）在研究切削过程时，因为第一变形区的宽度仅为 0.02～0.2mm，所以通常用一个平面来表示这个变形区，该平面即定义为剪切面；并假设剪切变形区和刀-屑摩擦变形区均为薄平面，切削过程简化为二维平面应变变形，且该区域内的摩擦和变形均匀分布，因而可将它们均视为热流密度均匀的面热源[15]。

（2）假设刀具为无倒圆和倒棱的绝对锋利刚体，忽略后刀面的摩擦和变形所产生的热量，即刀具所受到的热源只来源于第一变形区剪切面热源和第二变形区刀-屑接触摩擦面热源。

（3）假定全部切削功均转化为热能，忽略周围介质所带走的热量，即所有热量只传递到刀具、切屑和工件中。

在以上假设前提下，对刀具的切削热的研究分为剪切面和刀-屑接触区的产热量的计算和分配问题。

1. 剪切面平均温度及热量分配比求解

第一变形区内剪切面上单位时间产生的热能按下式计算：

$$Q_s = F_s v_s \tag{3-26}$$

式中，F_s 为剪切面上的剪切力，N；v_s 为剪切面上的剪切速度，m/s。

剪切面热流密度按照公式定义为

$$q_s = \frac{Q_s}{A_s} = \frac{F_s v_s}{a_l a_\omega / \sin\varphi} \tag{3-27}$$

将 $v_s = v\dfrac{\sin(90°-\gamma_0)}{\sin(90°+\gamma_0-\varphi)} = \dfrac{\cos\gamma_0}{\cos(\varphi-\gamma_0)} = v\varepsilon\sin\varphi$，$p_s = \dfrac{F_s v_s}{v a_l a_\omega}$ 代入式（3-27）得

$$q_s = \frac{Q_s}{A_s} = \frac{F_s v_s}{a_l a_\omega / \sin\varphi} = p_s v \sin\varphi \tag{3-28}$$

式中，p_s 为单位体积被剪切材料通过剪切面时，剪切力所做的功，W；ε 为剪切面上的剪应变；φ 为剪切角，即剪切面和切削速度方向的夹角，°；γ_0 为刀具前角，°。

假定剪切面热源流向切屑的热能比例为 R_s，按照有限大体积平均温度的计算公式可知，剪切面平均温度应为

$$\overline{\theta}_s = \theta_0 + \frac{R_s Q_s}{\rho_c c_c V} = \theta_0 + \frac{R_s q_s a_l a_\omega / \sin\varphi}{\rho_c c_c v a_l a_\omega} = \theta_0 + \frac{R_s q_s}{\rho_c c_c v \sin\varphi} \tag{3-29}$$

式中，V 为热载体体积，mm^3；θ_0 为工件初始温度，即室温，℃；a_l 为切屑厚度，mm；a_ω 为切屑宽度，mm；ρ_c 为切屑材料的密度，kg/mm^3；c_c 为切屑材料的比热，$J/(kg \cdot K)$。

将式（3-28）代入式（3-29），即得所求剪切面平均温度计算公式为

$$\overline{\theta}_s = \theta_0 + R_s p_s / (\rho_c c_c) \tag{3-30}$$

从静、动热源理论的角度来考虑，工件相对于剪切面而言可以看作是半无限大体，切屑相当于沿剪切面方向与工件摩擦而运动的柱体，运动速度为 V_s，如图 3-13 所示。按动热源温度公式[16]计算得剪切面平均温度为

$$\overline{\theta}_s = \theta_0 + 0.754 \frac{(1-R_s) q_s \cdot a_l / (2\sin\varphi)}{\lambda_\omega \sqrt{k_\omega}} \tag{3-31}$$

式中，λ_ω 为材料的导热系数，$W/(m \cdot K)$。

$$k_\omega = \frac{v_s \cdot a_l / [(2\sin\varphi) \rho_\omega c_\omega]}{2\lambda_\omega} = \frac{v \varepsilon a_l}{4\lambda_\omega \rho_\omega c_\omega} \tag{3-32}$$

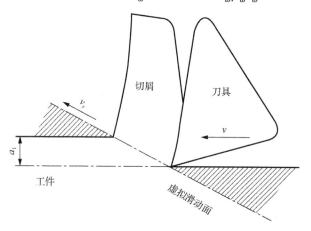

图 3-13　剪切面热源模型

将式（3-29）～式（3-32）联立求解 R_s，可得

$$R_s = \cfrac{1}{1 + \cfrac{1}{0.754} \cdot \cfrac{\sqrt{\lambda_\omega \rho_\omega c_\omega}}{\rho_c c_c \sqrt{v a_l}}} \tag{3-33}$$

式中，ρ_ω 为材料的质量密度，kg/mm^3；c_ω 为材料的比热，$J/(kg \cdot K)$。

切削变形过程中材料密度和比热基本不变，即 $\rho_c=\rho_\omega$，$c_c=c_\omega$ 则式（3-33）成为

$$R_s = \cfrac{1}{1+1.326 \cdot \left(\cfrac{k_\omega \varepsilon}{\rho_\omega c_\omega v a_l}\right)^{\frac{1}{2}}} \tag{3-34}$$

2. 刀-屑接触区产热量计算及其分配比求解

切削过程中，切屑作用在前刀面上正压力相当大，同时切屑以一定的速度相对于刀具运动，必然产生摩擦热。计算摩擦热须先求出两者间的正压力和摩擦系数。很多研究都是集中在刀-屑接触区域的刀-屑接触长度方向上，将刀-屑接触区域在刀-屑接触长度方向上划分为两个区域，如图 3-14 所示。

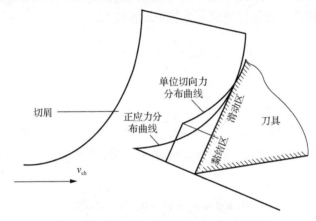

图 3-14　刀-屑接触区应力分布模型

刀-屑接触黏结区和刀-屑接触滑动区，在黏结区刀-屑接触应力很大，已经超过了工件材料的屈服极限，切屑底面的微凸体发生了塑性变形[17]；在滑动区内，接触应力没有超切屑材料的屈服极限，因此切屑底面的微凸体没有发生塑性变形，此时产生的热量为摩擦热。

切屑底面与刀具前刀面摩擦所产生的热量计算如下：

$$Q_f = F_f v_{ch} \tag{3-35}$$

$$v_{ch} = \frac{\sin \varphi}{\cos(\varphi - \gamma_0)} v = r_c v \tag{3-36}$$

式中，r_c 为切削比；v_{ch} 为切屑相对于刀具的移动速度。

整合以上两个公式可得

$$Q_f = F_f v_{\text{ch}} = F_f \frac{\sin\varphi}{\cos(\varphi - \gamma_0)} v = F_f r_c v \tag{3-37}$$

式（3-37）即为刀-屑接触摩擦所产生热量的计算公式。

刀-屑摩擦产生的热量一部分进入切屑，一部分进入刀具，我们需要对进入刀具和切屑的热量分配系数进行求解。刀-屑摩擦产生的摩擦热源，切屑相对于摩擦热源是运动的，而刀具相对于摩擦热源是静止的，因此可以把切屑看作是沿着刀-屑接触面摩擦运动的动热源，相对运动的速度即为切屑相对于刀具的移动速度 v_{ch}，热流密度可以按照下式计算：

$$q_f = \frac{F_f v_{\text{ch}}}{l_{\text{ap}} l_f} \tag{3-38}$$

假定在前刀面上产生的摩擦热流向切屑的比例是 R_f，则按照运动面热源作用区的温度求解模型，可知切屑底面上的平均温升为

$$\Delta\bar{\theta} = 0.75 \frac{R_f q_f l_{\text{ap}}}{2\lambda_c \sqrt{k_c}} = 0.375 \frac{R_f q_f l_{\text{ap}}}{\lambda_c \sqrt{k_c}} \tag{3-39}$$

式中，

$$k_c = \frac{v_{\text{ch}} l_{\text{ap}} \rho_c c_c}{4\lambda_c} = \frac{v l_{\text{ap}} \rho_c c_c}{4\xi\lambda_c} \tag{3-40}$$

切屑底面的平均温度应为剪切面热源产生的温升和前刀面热源产生的温升之和，即

$$\bar{\theta}_r = \bar{\theta}_s + \bar{\theta}_f = \bar{\theta}_s + 0.375 \frac{R_f q_f l_{\text{ap}}}{\lambda_c \sqrt{k_c}} \tag{3-41}$$

由于刀具相对于刀-屑摩擦热源是静止的，故可根据半无限大体热源作用区平均温度公式求出刀具温度来计算前刀面的平均温度为

$$\bar{\theta}_r = \frac{(1 - R_f) q_f l_{\text{ap}}}{\lambda_t} \bar{A} + \theta_0 s \tag{3-42}$$

式中，λ_t 为刀具材料的导热系数，W/(m·K)；θ_0 为刀具表面初始温度，一般取做周围环境的温度；$\bar{A}$ 为热源尺寸参数（当热源的长宽比小于 20 时，即 $l_f/l_{\text{ap}} < 20$ 时，其值可由图 3-15 查得）。

联立式（3-41）和式（3-42），可以解出刀-屑摩擦热源的热能分配比为

$$R_f = \frac{q_f l_{\text{ap}} / \lambda_r + \theta_0 - \bar{\theta}_s}{q_f l_{\text{ap}} \bar{A} / \lambda_r + 0.375 q_f l_{\text{ap}} / \left(\lambda_c \sqrt{k_c}\right)} \tag{3-43}$$

式（3-43）即为前刀面产生的摩擦热量进入切屑的分配系数，相对应的 $1-R_f$ 为进入刀具的分配系数。

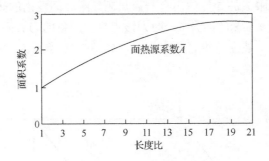

图 3-15 面热源尺寸随其长宽比变化关系图

3.2.3 刀具前刀面受热密度函数

1. 刀具前刀面热流密度求解

第二变形区的热量一部分进入切屑，一部分进入刀具。如果进入切屑的比例系数 R_f 已经求出，那么，第二变形区所产生的热量进入刀具的热量即为

$$Q_{ft} = Q_f\left(1-R_s\right) = F_f v_{ch}\left(1-R_s\right) \tag{3-44}$$

则进入刀具前刀面的热流密度为

$$q_{ft} = \frac{Q_{ft}}{A} = \frac{Q_f\left(1-R_s\right)}{l_{ap}l_f} \tag{3-45}$$

在前文已求出刀-屑接触宽度 l_{ap}、刀-屑接触长度 l_f 分别与背吃刀量 a_p、进给量 f 之间的关系，以硬质合金刀具材料 YT15 切削时的刀-屑接触长度和宽度为例：

$$\begin{cases} l_f = 12.4f - 0.51 \\ l_{ap} = 1.54a_p - 0.13 \end{cases} \tag{3-46}$$

将式（3-46）代入式（3-45）可得到刀具前刀面的热流密度为

$$q_{ft} = \frac{Q_{ft}}{A} = \frac{Q_f\left(1-R_s\right)}{l_{ap}l_f} = \frac{F_f v_{ch}\left(1-R_s\right)}{\left(12.4f - 0.51\right)\cdot\left(1.54a_p - 0.13\right)} \tag{3-47}$$

2. 点热源温度场模型

刀-屑接触面摩擦产生的热量会向刀具和切屑发生热传导，使刀具内形成新的温度场分布。刀-屑接触摩擦热源的形状可以看作是面热源，我们先取一个点热源作为研究对象，研究点热源对于刀具温度场的影响。

假设在一个无限大的导热体内有一点热源，瞬时间发出的热量为 Q，求任意时间 t 下任意点 $M(x, y, z)$ 的温升 θ，即为该点热源产生的刀具温度场。

以刀尖为原点，建立三维直角坐标系，如图 3-16 所示。

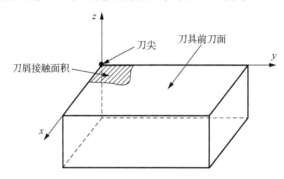

图 3-16　点热源的场分布示意图

在三维直角坐标系中，非稳态导热微分方程为

$$\frac{\partial \theta}{\partial t} = a\left(\frac{\partial^2 \theta}{\partial x^2} + \frac{\partial^2 \theta}{\partial y^2} + \frac{\partial^2 \theta}{\partial z^2} \right) \qquad (3\text{-}48)$$

式中，a 为热扩散率（$a = \lambda/c\rho$），cm²/s。

假设刀具的各表面为绝热表面，刀具在初始时刻的各点温度为零，则可由微分方程形式给出初值和边界条件：

$$\begin{cases} f = a_1 l_f + b_1 \\ a_p = a_2 l_{ap} + b_2 \end{cases} \qquad (3\text{-}49)$$

点热源在刀具内形成的温度场的等温面是一组同心 π 球面，如图 3-17 所示，按照能量守恒原则，可得

$$\frac{Q}{c\rho} = \int_0^\infty 4\pi R^2 \theta(R, t)\, \mathrm{d}R \qquad (3\text{-}50)$$

现用一个矢量 R 来表示 M 点的位置，r 代表 R 的模，x, y, z 就是矢量 R 的分量。在矢量的傅里叶变换中，则有矢量 K 的存在，矢量 K 的模用 k 表示，以 α, β, γ 表示矢量 K 的分量，则有 $k^2 = \alpha^2 + \beta^2 + \gamma^2$。

如图 3-17 所示，由于温度分布关于原点对称，函数 $\theta(R, t)$ 仅仅取决于 R 的模。因此函数 $\theta(R, t)$ 的傅里叶变换 $F(K, t)$ 亦仅仅取决于 K 的模 k。

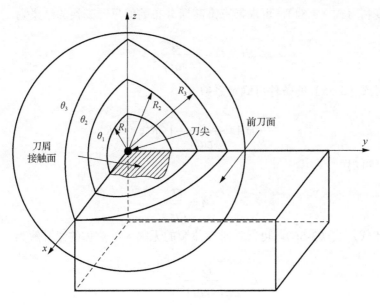

图 3-17　点热源温度场示意图

按照傅里叶变换的微商定理：

$$\lambda\left\{\frac{\partial^2\theta}{\partial x^2}\right\} = (ia)^2 F = -\alpha^2 F$$

同理则

$$\frac{\partial F}{\partial t} = -a\left(\alpha^2 + \beta^2 + \gamma^2\right)F \qquad （3-51）$$

式（3-51）可改写为

$$\frac{\mathrm{d}F}{F} = -ak^2\mathrm{d}t \qquad （3-52）$$

对式（3-52）两边同时积分后，可得式（3-50）的解为

$$\begin{cases} \ln F = -ak^2 + C \\ F(K,t) = Ae^{-ak^2 t} \end{cases} \qquad （3-53）$$

这是三维高斯分布，对其进行傅里叶逆变换，通过查数学手册中的傅里叶变换表可知，三维高斯分布的傅里叶变化为

$$\begin{cases} f(R) = Be^{-b^2 R^2} \\ F(K) = \dfrac{B\pi^{3/2}}{b^3} e^{-k^2/4b^2} \end{cases} \qquad （3-54）$$

直接利用式（3-54），可求得三维高斯分布的傅里叶变换的结果为

$$\theta(R,t) = \frac{A}{(4\pi at)^{3/2}} e^{-\frac{R^2}{4at}} \tag{3-55}$$

利用式（3-55）的条件可确定系数 A：

$$\frac{Q}{c\rho} = 4\pi \frac{A}{(4\pi at)^{3/2}} \int_0^\infty R^2 e^{-\frac{R^2}{4at}} dR \tag{3-56}$$

积分后，可得

$$A = \frac{Q}{c\rho} \tag{3-57}$$

将 A 代入式（3-56），可得瞬时点热源的无限大导热体的温升解为

$$\theta = \frac{Q}{c\rho(4\pi at)^{3/2}} e^{\frac{-(x^2+y^2+z^2)}{4at}} \tag{3-58}$$

式（3-58）为点热源对无限大导热体的温升解，对于在前刀面上的热源，刀具相当于 1/8 无限大体，故点热源对于刀具的温升解为

$$\theta = \frac{8Q}{c\rho(4\pi at)^{3/2}} e^{\frac{-(x^2+y^2+z^2)}{4at}} \tag{3-59}$$

有了点热源对于刀具的温升解模型作为基础，我们便可以求线热源对于刀具的温度场分布解，以刀具主切削刃上刀-屑接触宽度 l_{ap} 为热源长度，其发热量设为 Q_l，求在发热 t 秒时刀具任意点处的温升。

线热源单元 d_{x_i} 可看作点热源，其发热量为 $Q_{d_{x_i}}$，这一单元线热源对 M 点作用产生的温升为

$$d\theta = \frac{8Q_{d_{x_i}}}{c\rho(4\pi at)^{\frac{3}{2}}} e^{-\frac{(x-x_i)^2+y^2+z^2}{4at}} \tag{3-60}$$

整个刀-屑接触宽度对 M 点引起的总温升为

$$\theta = \frac{8Q_{d_{x_i}}}{c\rho(4\pi at)^{\frac{3}{2}}} e^{-\frac{y^2+z^2}{4at}} \int_0^{l_{ap}} e^{-\frac{(x-x_i)^2}{4at}} dx_i \tag{3-61}$$

式（3-61）中积分部分求解结果为

$$\int_0^{l_{ap}} \mathrm{e}^{-\frac{(x-x_i)^2}{4at}} \mathrm{d}x_i = \frac{\sqrt{4\pi at}}{2}\left[\mathrm{erf}\left(\frac{x}{\sqrt{4at}}\right) - \mathrm{erf}\left(\frac{x-l_{ap}}{\sqrt{4at}}\right) \right] \tag{3-62}$$

将式（3-62）代入式（3-61）可得刀-屑接触宽度上的线热源对于刀具内任意一点 $M(x,y,z)$ 的温升为

$$\theta = \frac{Q_l}{\pi c \rho at} \mathrm{e}^{-\frac{y^2+z^2}{4at}}\left[\mathrm{erf}\left(\frac{x}{\sqrt{4at}}\right) - \mathrm{erf}\left(\frac{x-l_{ap}}{\sqrt{4at}}\right) \right] \tag{3-63}$$

式（3-63）即为刀-屑接触宽度上的线热源对刀具内部所形成的温度场分布。

3. 面热源温度场模型

有限大面热源引起的温度场实际是为了研究刀具前刀面的热量所引起的温度场，即刀具内部的温度分布，进而建立刀具前刀面的受热密度函数。

前刀面上刀-屑接触摩擦产生的面热源相对于刀具来说属于持续作用的静热源，设前刀面刀-屑接触区的面热源的单位时间发热量为 Q_m，刀-屑接触宽度为 l_{ap}，刀-屑接触长度为 l_f，将面热源分割成无数条窄带热源，如图 3-18 所示。

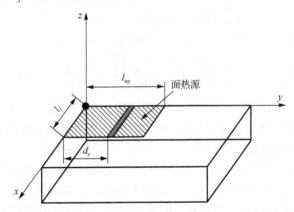

图 3-18 面热源示意图

取其中一条 d_{y_i} 来进行研究，该带状点热源距离原点的距离为 y_i，受此微小有限长带热源的作用，点的微量温升可计算如下：

$$\mathrm{d}\theta = \frac{Q_m d_{y_i}}{\pi c \sqrt{\pi at}} \mathrm{e}^{-\frac{(y-y_i)^2+z^2}{4at}}\left[\mathrm{erf}\left(\frac{x}{\sqrt{4at}}\right) - \mathrm{erf}\left(\frac{x-l_{ap}}{\sqrt{4at}}\right) \right] \tag{3-64}$$

整个面热源对 $M(x, y, z)$ 点引起的总温升为

$$\theta = \frac{Q_m}{c\rho\sqrt{\pi at}} \mathrm{e}^{-\frac{z^2}{4at}}\left[\mathrm{erf}\left(\frac{x}{\sqrt{4at}}\right) - \mathrm{erf}\left(\frac{x-l_{ap}}{\sqrt{4at}}\right) \right] \int_0^{l_f} \mathrm{e}^{-\frac{(y-y_i)^2}{4at}} \mathrm{d}y_i \tag{3-65}$$

求解后得

$$\theta = \frac{Q_m}{c\rho\sqrt{\pi at}} e^{-\frac{z^2}{4at}} \left[\mathrm{erf}\left(\frac{x}{\sqrt{4at}}\right) - \mathrm{erf}\left(\frac{x-l_f}{\sqrt{4at}}\right) \right] \left[\mathrm{erf}\left(\frac{y}{\sqrt{4at}}\right) - \mathrm{erf}\left(\frac{y-l_{ap}}{\sqrt{4at}}\right) \right] \quad (3\text{-}66)$$

式（3-66）即为前刀面总热量引起刀具的温度场分布模型。

通过前面的推导，我们已经求出刀-屑接触区的热流密度进入刀具的比例为

$$q_{ft} = \frac{Q_{ft}}{A} = \frac{Q_f\left(1-R_s\right)}{l_{ap}l_f} = \frac{F_f v_{ch}\left(1-R_s\right)}{\left(12.5f - 0.525\right)\left(1.54a_p - 0.129\right)} \quad (3\text{-}67)$$

即刀-屑接触区的热源强度为

$$Q_m = q_{ft} \quad (3\text{-}68)$$

将热源强度代入刀具温度场分布模型公式中，就可以求出刀具内任意一点和刀具表面上的温度值：

$$\theta = \frac{q_{ft}}{c\rho\sqrt{\pi at}} e^{-\frac{z^2}{4at}} \left[\mathrm{erf}\left(\frac{x}{\sqrt{4at}}\right) - \mathrm{erf}\left(\frac{x-l_f}{\sqrt{4at}}\right) \right] \left[\mathrm{erf}\left(\frac{y}{\sqrt{4at}}\right) - \mathrm{erf}\left(\frac{y-l_{ap}}{\sqrt{4at}}\right) \right] \quad (3\text{-}69)$$

4. 刀具前刀面受热密度函数建立及其应用

根据式（3-69）求得的刀具温度场模型，取 $z=0$ 时，即点 $M(x, y, z)$ 位于前刀面上，则温度场模型转化为刀具前刀面的受热密度函数：

$$\theta = \frac{q_{ft}}{c\rho\sqrt{\pi at}} \left[\mathrm{erf}\left(\frac{x}{\sqrt{4at}}\right) - \mathrm{erf}\left(\frac{x-l_f}{\sqrt{4at}}\right) \right] \left[\mathrm{erf}\left(\frac{y}{\sqrt{4at}}\right) - \mathrm{erf}\left(\frac{y-l_{ap}}{\sqrt{4at}}\right) \right] \quad (3\text{-}70)$$

利用 MATLAB 数据处理软件对 H 形硬质合金刀具前刀面表面受热密度函数进行了可视化绘图，得到了刀具表面受力密度函数，即刀具前刀面切削温度的分布模型，如图 3-19 所示。

从图 3-19（a）可以看出，在刀-屑接触长度和刀-屑接触宽度方向上，受热密度函数值在较大范围内剧烈变化，然后趋于平稳，且在刀尖处的温度值并不是最高。为了更直观地看到温度的分布，图 3-19（b）为温度分布的俯视图，图中可见温度的最高值在距离刀尖位置一定的区域内。图 3-19（c）中可以明显见到在刀-屑接触宽度方向上，也就是主切削刃方向上，温度分布先缓慢上升到图中虚线标定的位置，然后急剧下降。这点与刀-屑接触长度方向上的温度分布相似，但是在副切削刃方向上，温度的上升幅度要大于主切削刃方向，而且从图 3-19（d）中还可以看出，副切削刃温度的最高值距离刀尖的位置要远远大于主切削刃方向上温度最高值距离刀尖的位置。表面切削热产生的温度最高值更趋向于刀尖偏向副切削刃的位置上。

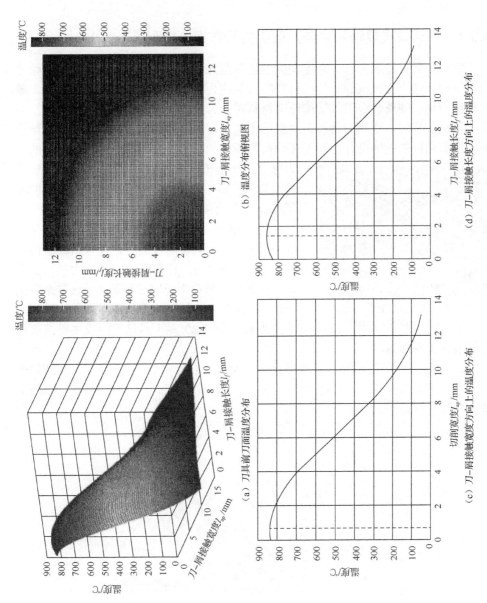

图 3-19　切削温度在刀具前刀面的分布

3.3 黏结破损过程的应力分布特性

3.3.1 黏结破损过程刀具前刀面应力分布理论模型

裂纹容易在高应力区、高应变区或者切削加工强度弱区域产生。通过线弹性力学可知，当应力强度因子超过材料的临界应力强度因子时，裂纹失稳扩展，导致材料破损。硬质合金刀具切削筒节材料时，刀具前刀面的力是非常复杂的，当发生黏结破损时，说明刀具前刀面黏结物与前刀面之间的结合力超过两者黏结状态。随着切削的继续进行，即循环载荷不断施加在刀具前刀面上，虽然此时的应

图3-20 刀具前刀面发生黏结
破损时的裂纹微观图像

力强度因子小于材料的应力强度因子，但是裂纹却随着载荷的不断增加而扩展，所以应力强度因子增加，造成裂纹失稳扩展，黏结破损发生。

切削过程中伴随着高的机械载荷和切削温度。硬质合金刀具切削过程中伴随着机械载荷与热应力的不断产生，正是载荷与热应力的存在促使裂纹扩展，最后形成宏观裂纹，导致黏结破损发生，载荷的大小是影响刀具前刀面黏结破损的重要因素。图 3-20 是刀具前刀面发生黏结破损

时的裂纹微观图像。

图3-21 为切削过程硬质合金刀具黏焊表面的应力分布模型。当发生黏结破损时，刀具前刀面的应力分布是不均匀的。黏结破损发生在刀-屑接触部位，应力主要集中在此部位[18]。

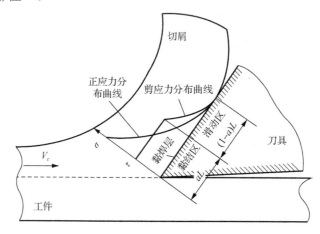

图3-21 黏结表面应力分布模型

3.3.2　黏结破损过程刀具前刀面应力分布数值模拟

在切削过程中，刀-屑接触区高温高压下的应力是非常复杂的，刀-屑接触区的应力分布直接影响切削温度，而切削温度又反作用于刀具基体内应力分布，应力状态的变化与金属流动、界面摩擦、切削参数、工件材料及其微观组织等有关。黏结破损的根源是刀具前刀面刀-屑接触区在应力作用下晶粒度发生变化，产生原始裂纹，裂纹的扩展和交汇为刀-屑黏结破损创造条件[19]。图 3-22 为第 50 步应力分布及局部放大云图，刀具前刀面刀-屑接触区应力的最大值为 335MPa，最大应力分布距离刀尖具有一定距离，应力分布以一定的梯度展开，等应力分布呈不规则的空心立方体分布。

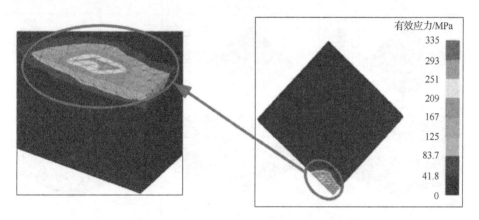

图 3-22　第 50 步应力分布及局部放大云图

设置模拟步数为 500 步，每隔 1 步保存一次，提取切削仿真的第 50, 100, …, 450 步的应力值，其应力分布云图和刀尖三维应力放大云图见图 3-23。研究应力值的变化发现，在切削过程中，刀-屑接触区应力值大小是在不断变化，从云图中发现最小应力值在第 50 步为 350MPa，最大应力值在第 400 步 732MPa，从第 200 步和第 300 步云图读出最高应力区出现在刀尖处，即产生了应力集中，其他仿真步的最高应力值分布主要集中在刀-屑黏结区。研究应力场的分布发现应力场作用体积的大小也在不断变化，应力场的作用体积最大处出现在第 100 步，应力场的作用体积最小处出现在第 300 步。由以上的研究可得，在切削过程中应力状态是动态变化的，随着切削的不断进行，刀-屑接触区应力值的最大值、最大值分布和应力场体积都是在不断变化的。

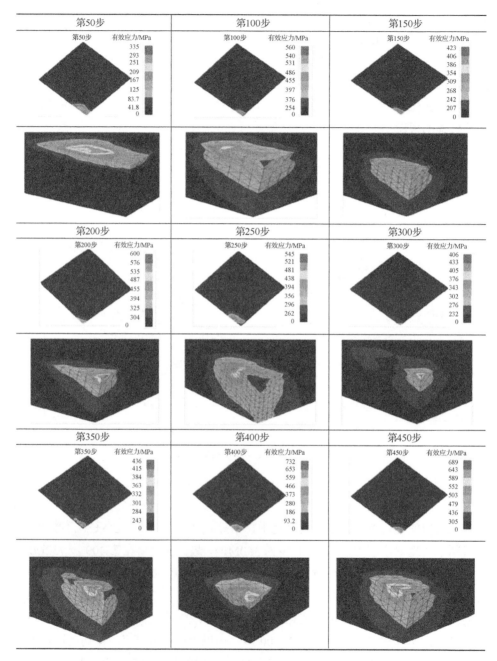

图 3-23　刀-屑接触区应力分布和刀尖三维应力放大云图

　　黏结破损试验中切削力的变化不仅反映 2.25Cr1Mo0.25V 钢的切削特性，而且对刀-屑黏结破损和刀具前刀面的晶粒变化产生影响。研究不同切削参数切削力的变化规律可以对预测黏结破损和晶粒的变化趋势提供理论依据，图 3-24 是切削力的采集数据。

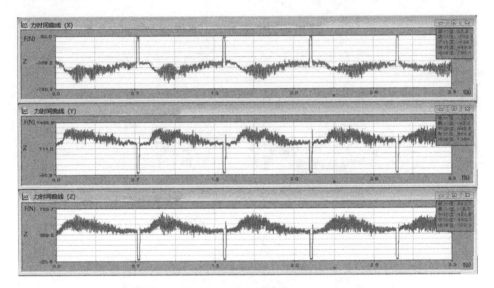

图 3-24　切削力的采集数据图

　　提取测力仪采集切削稳态下的各切削分力数据点，将各切削分力数据代入MATLAB 软件中进行求解，得到切削力，再将切削力数值代入 MATLAB 软件中得到不同切削参数下的切削力曲线。2.25Cr1Mo0.25V 钢为难加工材料，且材料中含有硬质点，图 3-25～图 3-27 分别为不同切削速度下的切削力曲线、不同进给量下的切削力曲线和不同背吃刀量下的切削力曲线，观察不同切削参数下的曲线图发现，每条曲线不是平滑的，而是上下波动的，究其原因是材料中含有硬质点和机床存在振动，切削力波动使刀具在切削过程中必然承受冲击，在切削三要素中，对冲击影响较大的是进给量，较小的是切削速度。切削过程中的冲击产生两个效果，工件加工表面质量受到影响以及刀-屑接触区不断遭受冲击导致WC 晶粒破碎，即前刀面晶粒度发生变化，产生新的裂纹和旧裂纹的扩展。图 3-25～图 3-27 验证了不同切削参数下切削力的变化规律，切削速度越大，切削力越小，进给量越大，切削力越大，背吃刀量越大，切削力越大[20]。由以上单因素试验数据的分析可得出切削 2.25Cr1Mo0.25V 钢时，切削力的变化与其他材料相比变化形式更加复杂。

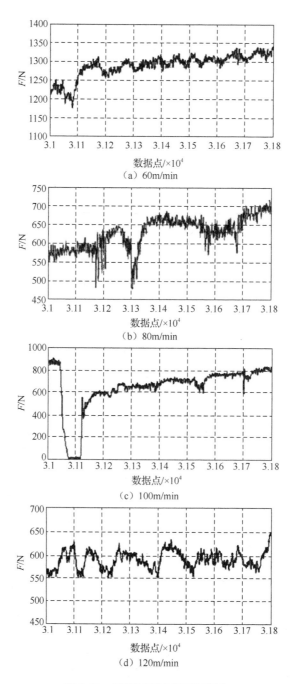

图 3-25 不同切削速度下切削力

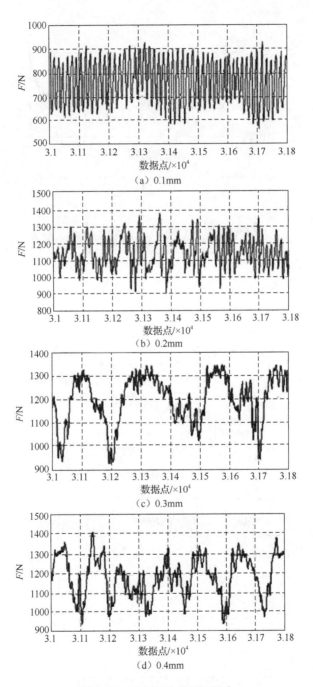

（a）0.1mm

（b）0.2mm

（c）0.3mm

（d）0.4mm

图 3-26　不同进给量下切削力

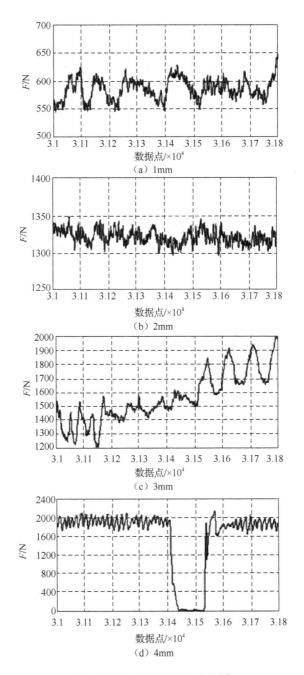

图 3-27　不同背吃刀量下切削力

3.3.3　结果分析

　　由于应力的存在，导致前刀面出现裂纹，随着裂纹的扩展，刀具黏结破损发生。因此，刀具前刀面应力状态的研究是第 5 章有关裂纹扩展研究的一个重要基础。图 3-28 为模拟切削筒节材料的应力变化曲线图，从变化曲线中可以发现，发生黏结破损时的整个应力变化在 500～700MPa，应力最大值出现在刀-屑接触区域。在刀-屑接触区域应力分布是不均匀的，并且随着刀-屑分离的进行，应力是逐渐降低的。应力达到黏结破损的临界值时，刀具前刀面黏结破损发生[21]。

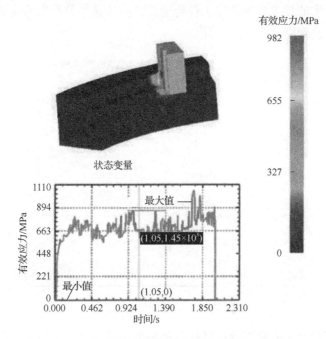

图 3-28　模拟切削筒节材料的应力变化状态及曲线

3.4　黏结破损过程的温度分布特性

3.4.1　刀具前刀面黏焊层温度理论模型

　　前文研究了黏结破损中切削力的大小和切削力的分布特性，切削力是造成黏结破损的一个重要因素，切削热是黏结破损中需要研究的另一个重要因素。切削热产生的途径主要有两个：一个是刀具切削加工工件过程中，使工件变形而做的功产生热；另一个是刀具切削下多余的工件材料由摩擦引起的热。产生的切削热主要存在于切削刃部分，如果切削热不能及时散发出去，则容易提高刀具与工件以及刀具与切削的接触温度，由于筒节材料与硬质合金刀具在高温高压环境下，两者的亲和元素容易扩散，随着切削的进行，切削热逐渐增大，增大到一定值，即热应力到达足够产生裂纹以及使裂纹扩展的范围，裂纹扩展不断进行，形成宏观裂纹导致黏结破损产生。

如图 3-29 所示，根据实际切削加工建立的切削热简易模型，根据建立的模型，切削过程中产生的热大多是通过工件传递、刀具传递以及产生的切屑传递出去，忽略小部分散发到空气中的热量[22]。

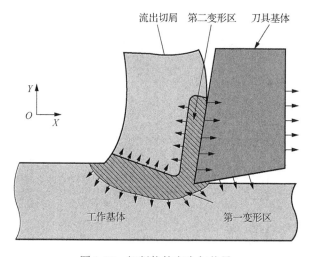

图 3-29 切削热的产生与传导

本节的试验为了测量刀具在黏结破损时的切削温度，采用了红外热像仪结合计算机系统测量了切削筒节材料过程中产生的切削温度。图 3-30（a）为温度测量系统。

经过试验，从切削温度值的变化可以看出，硬质合金刀具发生黏结破损时，温度大体在 750～800℃浮动。通过温度变化可以发现，有超过 1000℃的部分，而且刀具的切削刃部分出现红热现象，如图 3-30 所示。由于热成像仪距离刀具前刀面有一定距离，而且切屑会阻挡到刀具前刀面，热成像仪不能直接测量到刀具前刀面的温度，所以通过热成像仪测量得到的切削温度要比实际的切削温度偏低[23]。

（a）热成像仪

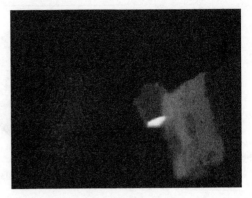
（b）温度图像

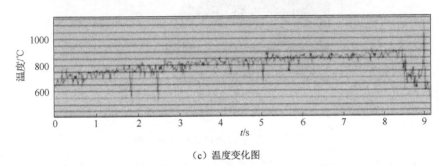
（c）温度变化图

图 3-30　试验设备和试验结果

3.4.2　刀具前刀面温度分布数值模拟

切削温度是引起接触区黏结破损的主要因素之一，所以对刀-屑接触区的切削温度进行研究，分析切削过程中温度的变化对黏结破损影响具有重要意义[24]。本节通过 Deform-3D 软件对硬质合金刀具切削 2.25Cr1Mo0.25V 材料的刀-屑接触区进行仿真研究，分析前刀面刀-屑接触区的温度变化规律。切削过程中刀-屑接触区温度分布云图如图 3-31 所示。图 3-31（a）为刀具前刀面刀-屑接触区平面内温度分布图，分析可知，高温区域并不在切削刃处，而在距离切削刃有一段距离，反而低温区在切削刃附近，产生这种现象的原因是刀-屑接触区摩擦产热剧烈，且散热条件差，而在切削刃附近散热容易，温度梯度的变化方向沿着刀-屑接触区向外呈空心圆饼状依次降低。图 3-31（b）为刀-屑接触区三维温度分布云图，分析可得，除最高温度区外，其他等温区温度分布呈现半空心椭球状，并且每个等温区非均等分布，低等温区包裹高等温区依次展开，这是由于硬质合金刀具中硬质点和空洞的分布不均匀，导致各点的热导率不相同。

（a）刀具前刀面刀–屑接触区平面内温度分布图

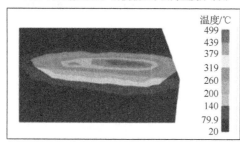

（b）刀–屑接触区三维温度分布云图

图 3-31　刀–屑接触区温度分布云图

设置模拟步数为 500 步，每隔 2 步保存一次，分别提取切削仿真的第 50, 100, 150, …, 450 步 9 个仿真步的温度值，其结果如图 3-32 所示。研究温度值的变化发现在切削的初始阶段接触区的最高温度迅速提升到 900℃，这是由于 2.25Cr1Mo0.25V 材料的红硬性较高且含有硬质点，引起切削力大，切屑变形大，刀具前刀面刀–屑接触区摩擦力大，刀–屑接触区产热剧烈。观察整个仿真过程发现，在此仿真参数下，切削温度以 900℃为原点，变化幅度在 30～80℃摆动，900℃的高温有利于元素的扩散，随着 Co 元素和 Fe 元素在刀具、切屑和工件间扩散量、扩散深度和扩散面积的增加，刀具和切屑的黏结面积和体积也随着增大，因此可以发现高温环境会加剧刀–屑黏结破损。

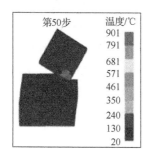
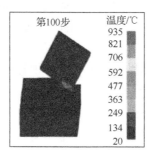
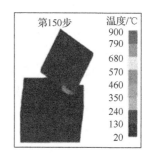

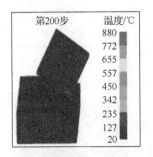 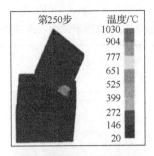 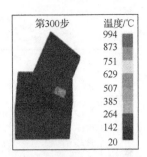
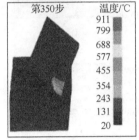 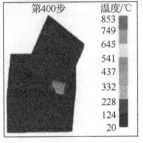 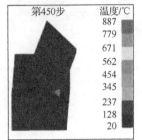

图 3-32　刀-屑接触区温度变化

3.4.3　结果分析

切削中所消耗的能量，除少部分用于形成新表面外，绝大部分转化为热量。发生黏结破损的一个重要原因是 2.25Cr1Mo0.25V 钢中的 Fe 元素和硬质合金刀具的黏结相 Co 元素具有较强的亲和性，当切削热达到 Co 元素的扩散激活能时，Co 元素活性增强，扩散加剧，导致刀-屑黏结破损加重。温度为刀具前刀面元素的扩散及再结晶提供动力，因此，研究切削温度的变化规律，对深入认识黏结破损具有重要意义。图 3-33 为 v=80m/min、a_p=1.5mm 和 f=0.1mm/r 热像图像与温度曲线。

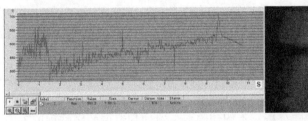 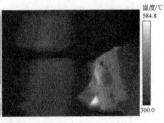

图 3-33　热像图像与温度曲线

影响刀具前刀面切削温度的因素有很多，如切削参数、刀具的几何参数、工件材料属性及热传导率等。本节通过单因素试验分析不同切削条件下刀具前刀面切削温度变化规律对刀具黏结破损的影响。由图 3-32 可知，温度的最高区域在前刀面靠近刀尖处，单因素试验温度曲线见表 3-10。

表 3-10　单因素试验温度曲线

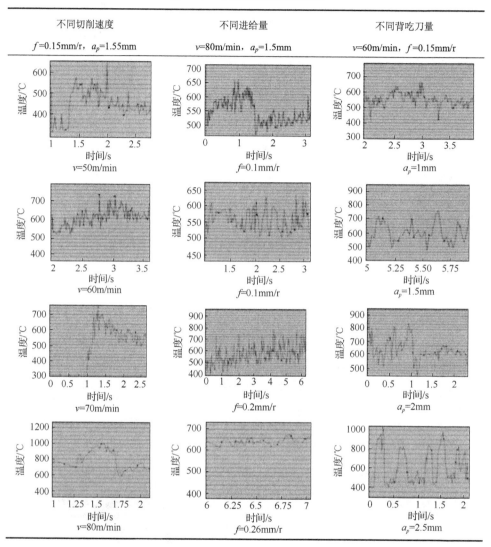

由表 3-10 纵向研究可得，相同切削参数，随着切削用量的增大，刀具前刀面的温度呈上升趋势；从横向分析，不同切削参数对切削温度的影响程度不同，由大到小依次为切削速度、进给量、背吃刀量；从单个曲线分析，温度的变化不是恒定的，而是在一定范围内稳定波动，此时产热和散热处于平衡状态，但在此状态下，前刀面承受热冲击。

通过表 3-10 中的温度曲线图可以发现，局部温度变化幅度非常大，产生这种现象有三方面的原因：一是工件上断屑槽的存在，由于冲击导致温度急剧上升；

二是随着切削的进行工件温度上升到某个硬度变化临界点时，工件的硬度降低导致切削温度急剧降低，这两种现象是周期性出现的；三是工件材料可能存在硬质点，较为强烈的温度冲击加剧了刀具黏结破损的形成。

3.5　本 章 小 结

（1）通过对切削过程中切削热产生和传导分析，确定了刀具前刀面的受热源，其结果是切屑在第一剪切区获得的热量与第二剪切区刀-屑摩擦产生的热量之和。

（2）经过动、静热源产生的温度计算公式的联立，并在考虑了第一剪切区的热源对切屑的温升作用的前提下，推导出了第一剪切区和第二剪切区的传热比系数，进而求解出刀具前刀面在切削过程中获得的热量公式，并通过对接触面积的偏导，建立了刀具前刀面的热流密度公式。

（3）通过建立点热源引起的温度场模型，进而获取了面热源的温度场分布，最终获得了刀具前刀面的受热密度函数，并获得了温度在前刀面的分布规律，刀尖处的温度值并不是最高，表面切削热产生的温度最高值更趋向于刀尖偏向副切削刃的位置上。

（4）通过正交切削试验温度结果的极差分析，获得切削参数对高强度钢材料和不锈钢材料切削温度的影响规律一致，切削速度 V 对切削温度值的影响程度最大，进给量 f 的影响程度次之，背吃刀量 a_p 对切削温度值的影响较小。

（5）切削时间越长，切削温度随之增大，刀具黏结破损越严重；硬质合金刀具切削过程中，刀具黏结破损的临界温度在 550℃ 左右；通过对比破损试验的刀具形貌，发现刀具发生磨破损的位置区域符合密度函数分布规律。

参 考 文 献

[1] 高希正, 刘德忠. 理论切削学[M]. 北京: 国防工业出版社, 1985.

[2] 汪家才. 金属压力加工的现代力学原理[M]. 北京: 冶金工业出版社, 1991.

[3] 黄健求. 机械制造技术基础[M]. 北京: 机械工业出版社, 2005.

[4] 仇启源, 庞思勤. 现代金属切削技术[M]. 北京: 机械工业出版社, 1992.

[5] 侯书林, 张惠友. 多元回归法建立切削力经验公式[J]. 现代机械, 1991, 16(2): 27-30.

[6] 马莉. MATLAB 语言实用教程[M]. 北京: 清华大学出版社, 2010.

[7] Zhang W, Chen X Q, He F S, et al. Experimental study on cutting force and cutting temperature in high speed milling of hardened steel based on response surface method[J]. International Journal of Manufacturing Research, 2018, 13(2): 99-117.

[8] 李永福. 硬质合金刀具切削 2.25Cr1Mo0.25V 粘结破损形成过程及其预报研究[D]. 哈尔滨: 哈尔滨理工大学, 2014.

[9] 何仁斌. MATLAB 工程计算及应用[M]. 重庆: 重庆大学出版社, 2001.

[10] 李哲. 硬质合金刀具切削高强度钢力热特性及粘结破损机理研究[D]. 哈尔滨: 哈尔滨理工大学, 2013.

[11] 田欣利, 黄燕滨. 装备零件制造与再制造加工技术[M]. 北京: 国防工业出版社, 2010.

[12] 中国轴承工业协会职工教育委员会教材编审室统编. 轴承车工工艺学[M]. 北京: 机械工业出版社, 1997.

[13] 黄曙. 机械加工技术基础[M]. 长沙: 中南大学出版社, 2006.

[14] 华楚生. 机械制造技术基础[M]. 重庆: 重庆大学出版社, 2003.

[15] 庞丽君, 尚晓峰. 金属切削原理[M]. 北京: 国防工业出版社, 2009.

[16] G.布斯洛伊德. 金属切削加工的理论基础[M]. 山东工学院机制教研室, 译. 济南: 山东科学技术出版社, 1980.

[17] 周泽华. 金属切削理论[M]. 北京: 机械工业出版社, 1992.

[18] 程超. 切削筒节材料过程中刀具力热特性与裂纹扩展行为研究[D]. 哈尔滨: 哈尔滨理工大学, 2018.

[19] Zhang W, Zheng M L, Li Y B. Research on cutting force spectrum character and tools vibration character under titanium alloy end-surface turning[J]. Applied Mechanics and Materials, 2013, 274: 196-199.

[20] Chen J, Zheng M, Li P, et al. Experimental study and simulation on the chip sticking-welding of the carbide cutter's rake face[J]. International Journal for Interactive Design and Manufacturing, 2017, 12(3): 1-11.

[21] 李龙. 切削 2.25Cr1Mo0.25V 刀-屑粘焊及粘焊表面力学特性研究[D]. 哈尔滨: 哈尔滨理工大学, 2015.

[22] 吕亚飞. 重载切削条件下切削变形区热-力分布特性研究[D]. 哈尔滨: 哈尔滨理工大学, 2017.

[23] 郑敏利, 孙玉双, 陈金国, 等. 粘焊变质层对硬质合金刀具前刀面温度分布的影响[J]. 稀有金属与硬质合金, 2017, 45(2): 81-88.

[24] 翟全鹏. 硬质合金刀具粘结破损热力学分析及熵产生模型建立[D]. 哈尔滨: 哈尔滨理工大学, 2015.

第4章　刀具前刀面接触区的元素扩散行为分析和分子动力学模拟

硬质合金刀具前刀面刀-屑接触区在高温高压作用下,工件材料已经软化并处于屈服状态,使工件材料和刀具紧密接触,元素之间的距离达到原子之间扩散距离,在一定温度的作用下,刀-工材料中的亲和元素扩散、熔融和再结晶,这不但影响刀-屑黏焊,还会改变刀具表面晶体结构,产生裂纹。因此,有必要对刀-屑接触区元素扩散进行研究。2.25Cr1Mo0.25V 材料具有很高的塑性和黏结性,并且该材料与刀具材料的元素具有亲和性。这种材料在切削加工过程中塑性变形严重,使刀-屑紧密接触,其在一定的温度条件下,刀-屑亲和元素之间相互扩散。随着切屑的流走,刀具部分元素会流失,引起刀具材料中的元素浓度改变,刀具容易发生磨损与破损,最终导致刀具失效,影响刀具的切削状态和切削性能。

针对扩散现象,国内外学者有不同程度上的研究。Bai 等[1]分析了不同切削速度下,硬质合金刀具中 Co 元素与钛合金中 Ti 元素的扩散行为,结果表明,较高切削速度对应较厚的扩散层再加上刀具中 Co 原子间较大的间隙,使得 Ti 原子更容易进入刀具中,破坏刀具表面初始致密组织。Calatoru 等[2]针对硬质合金刀具铣削 7475-T7351 铝合金零件时刀具失效问题进行研究,分析了刀具失效的原因,并通过试验发现刀-屑之间的元素扩散程度取决于接触面积和接触温度。Zhong 等[3]介绍了 W/Ni 双层夹层设计和检测,确定了界面的微观结构对元素扩散行为和扩散结合界面的力学性能影响。

已有研究主要集中于温度对前刀面刀-屑元素扩散行为的影响,而刀-屑发生黏焊后元素的扩散情况却少有研究。为此,本章针对硬质合金刀具黏结破损的微观失效机制,利用菲克第二扩散定律描述了前刀面的元素浓度分布,通过分析前刀面刀-屑元素扩散机制结合扩散偶试验,建立考虑温度的刀-屑元素扩散模型,分析有无刀-屑黏焊与温度对前刀面刀-屑元素浓度分布的影响,再利用分子动力学模拟的方法研究扩散行为,并与试验进行对比,进而得出相关结论。

4.1　元素扩散理论与机制

所谓扩散,就是系统内部的物质在浓度梯度、化学位梯度、应力梯度的推动力下，由于质点的热运动而导致定向迁移，从宏观上表现为物质的定向输送。固体中扩散具有低扩散速率和各向异性的特点。同时扩散也受很多因素的影响，包括温度、杂质等。扩散运动是粒子由高浓度区向低浓度区的运动，运动的前提条件是浓度梯度，扩散运动由温度、粒子直径、晶体结构、缺陷浓度和粒子运动方式决定[4]。

根据金属学原理，不同钢材元素之间的相互溶解与扩散是刀具前刀面与工件材料产生黏结的关键条件。在切削加工过程中，硬质合金刀具前刀面刀-屑相互接触，接触面处刀-屑元素扩散促进了刀-屑黏焊的产生。

4.1.1 菲克扩散定律

两个非均匀单相合金紧密接触在一起，单相合金中溶质原子在一定的温度作用下会从浓度高侧向浓度低侧扩散[5]，热运动使固体中的原子和分子不停地运动，并离开平衡位置的迁移现象叫作菲克扩散。当组元间的浓度存在差时，其发生扩散，扩散方向与浓度梯度方向相反，垂直于扩散方向的扩散通量（单位面积内）与浓度梯度成正比[6]。假定 x 方向作为扩散方向，则

$$J = -D \frac{\partial C}{\partial x'} \tag{4-1}$$

式中，J 为扩散通量；D 为扩散系数；C 为扩散组元的浓度；x' 为元素扩散距离；$\frac{\partial C}{\partial x'}$ 为在扩散方向的组元浓度变化率。

目前，扩散组元在扩散层内各点的浓度是否随时间变化，将固体扩散状态分为稳态和非稳态。组元浓度变化率为 0，其扩散为稳态，反之为非稳态，如图 4-1 所示。

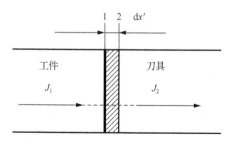

图 4-1 元素扩散示意图

设单位面积 A 上取 dx' 的单元体，则体积为 Adx'，那么 dt' 的时间内通过截面 1 流入的物质流量为

$$J_1 = J(x') \cdot A \cdot dt \tag{4-2}$$

而通过截面 2 流出的物质流量为

$$J_2 = J(x' + dx') \cdot A \cdot dt' = \left[J(x') + \frac{\partial J}{\partial x'} dx' \right] \cdot A \cdot dt' \tag{4-3}$$

因此，在 dt' 时间内，单元体中的积有量为

$$J_2 - J_1 = \frac{\partial J}{\partial x'} dx' \cdot A \cdot dt' \tag{4-4}$$

单元体的浓度变化量为 $\frac{\partial C}{\partial t'} dt'$，则需要的溶质量为 $\frac{\partial C}{\partial t'} dt' \cdot A \cdot dx'$。令式（4-4）

等于 $\frac{\partial C}{\partial t'} dt' \cdot A \cdot dx'$，则

$$\frac{\partial C}{\partial t'} = \frac{\partial J}{\partial x'} \tag{4-5}$$

根据菲克第二扩散定律非稳态状态下的扩散特点，结合式（4-1），则扩散界面过渡区的扩散方程为

$$\frac{\partial C}{\partial t'} = \frac{\partial}{\partial x'} \left(D \frac{\partial C}{\partial x'} \right) = D \frac{\partial^2}{\partial x'^2} \tag{4-6}$$

4.1.2　菲克第二扩散定律方程的解

利用不同的求解方式对一维扩散方程（4-6）进行求解，获得扩散元素浓度的函数表达方式。

1. 高斯解

$$C(x', t') = \frac{S}{2\sqrt{\pi D t'}} \exp\left[-\frac{(x' - h)^2}{4Dt'} \right] = A' \exp\left(-\frac{x'^2}{B'^2}\right) \tag{4-7}$$

式中，$A' = S/[2 \cdot (\pi D t')^{-1/2}]$ 为浓度分布的振幅，振幅会随时间增大而减小；$B' = 2(Dt')^{1/2}$ 为浓度分布宽度，宽度会随时间增大而增加。

高斯方式描述不同时间的浓度分布曲线，如图 4-2 所示。由曲线可知，利用该方式来描述元素扩散过程，随着时间的增长，扩散组元的原子浓集不断减小，但原子浓度分布不断变大。

2. 误差函数 erf β

$$\text{erf}\beta = \frac{2}{\sqrt{\pi}} \int_0^\beta e^{-\beta^2} d\beta \tag{4-8}$$

由式（4-8）可知，不同的 β 值所对应的 erfβ 值也不一样，其可以通过误差函数表获得，且误差函数曲线如图 4-3 所示。

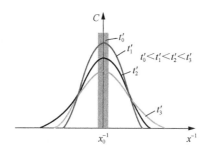

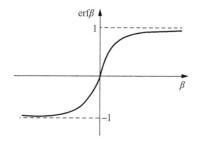

图 4-2　不同时间的浓度分布曲线　　　　　图 4-3　误差函数曲线

此误差函数适用于扩散组元初始平均分布较为宽广的情况，根据固溶体合金的各元素浓度值，采用分离变数法，并结合起始边界条件，解得元素浓度误差函数的表达式为

$$C = A' + B'\mathrm{erf}\beta = A' + B'\mathrm{erf}\,\frac{x'}{2\sqrt{Dt'}} \tag{4-9}$$

3. 正弦解

假设元素浓度分布是随时间周期性变化，那么其正弦解的函数表达式为

$$C = A'\exp(-k^2Dt')\sin(kx') \tag{4-10}$$

式中，$A'\exp(-k^2Dt')\sin(kx')$ 为浓度分布的振幅，振幅会随时间增加而减小。

正弦解主要是解决 $t=0$ 时浓度分布具有正弦图形且浓度分布的正弦形状与时间无关的扩散问题，通过振幅不同来反映扩散组元扩散情况。

4. 指数解

假设固溶体合金相变过程中恒速长大，那么可以用指数解的表达式：

$$C = A' + B'\exp(kx' + k^2Dt') \tag{4-11}$$

式中，A'、B'、k 为常数，可结合初始条件求得。

4.1.3　金属材料间的扩散机制

为了研究不同金属材料之间的扩散规律，有必要对固溶体合金中原子的扩散机制进行分析。固溶体合金中原子在热运动的作用下容易发生扩散，而置换固溶体合金中原子的扩散机制一般与扩散原子的原子半径以及组成元素之间的晶体结构有关，目前固溶体合金中最基本的扩散机制包括交换机制、间隙机制和空位机制。交换机制表现为相邻的两原子直接交换位置，从而实现原子的扩散[7]。其置换形式一般包括直接置换和环形置换，如图 4-4（a）和图 4-4（b）所示。间隙机制是在间隙固溶体合金中，原子从一个间隙跳到相邻间隙的过程，其扩散表现形式如图 4-4（c）所示。而空位机制是由于在置换固溶体合金中存在空位，空位旁的原子从正常位置移动到空位，产生原子和空位交换位置的扩散现象，如图 4-4（d）所示。

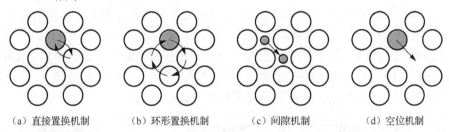

　（a）直接置换机制　　　（b）环形置换机制　　　（c）间隙机制　　　（d）空位机制

图 4-4　扩散机制

　　三种扩散机制中，交换机制无论是哪种形式，都需要克服很高的能垒来保证原子能够让出足够大的路径使相邻原子相互移动，从而发生迁移，这种机制一般受到周围原子和集体运动的束缚，所以发生的可能性很小。间隙机制发生过程中，较小的溶质原子从一个间隙跃迁到相邻间隙，挤开相邻的溶剂原子需要克服额外的势垒（即扩散激活能），如果在间隙中溶质原子的半径过大，所需的扩散激活能过高，那么迁移较为困难。空位机制扩散是因为溶质和溶剂原子半径都很大，原子很难通过间隙扩散，所以借助空位进行扩散，而空位扩散不仅需要扩散激活能，还需要形成空位的能量，所以空位扩散所需能量要比间隙扩散大得多。

　　分析以上几个扩散机制的结果表明：在固溶体合金扩散中，一般以小原子的间隙机制和大原子的空位机制为主，而交换机制需要克服原子周围阻力，所需要的能垒大，较难发生。

4.1.4　前刀面刀-屑元素扩散分析

1. 前刀面刀-屑元素扩散机制分析

　　卢柯院士团队[8-9]认为扩散现象是固体材料运输的唯一方式，材料的晶格边界是固体材料快速扩散的通道。将两种有亲和性的固体元素放在一起，加热到一定的温度，两者就会发生相互扩散，生成新相或者固溶体合金。在固体材料间扩散的过程中，元素会沿着使浓度差减小的方向进行，即向能量下降的方向进行，使原子离开初始平衡位置，寻找新的平衡位置。在金属切削过程中，切屑流过硬质合金刀具前刀面，工件与刀具材料接触面之间相互摩擦和挤压，导致材料塑性变形并露出新鲜表面，两新鲜表面接触后容易发生元素扩散，随着切削的进行，刀-屑接触区在交变的机械载荷和热载荷作用下，促使刀-屑黏结，而整个过程中都伴随着材料元素的相互扩散。因此,在切削过程中,前刀面刀-屑黏结的关键因素是刀-屑中的亲和元素互溶扩散,而元素间形成置换式固溶体合金是元素互溶扩散的主要条件。硬质合金刀具切削 2.25Cr1Mo0.25V 材料过程中,前刀面刀-屑发生黏焊,对黏焊界面进行能谱分析,如图 4-5 所示。试验结果表明,在扩散界面中,工件材料中存在刀具材料中的 W 和 Ti 元素,其中刀具材料也存在工件材料中的 Fe 元素。由图中可知,刀具与切屑在接触区域形成了固溶体合金并相互黏结。刀-屑接触区在高温作用下,刀具元素和工件元素形成置换式固溶体合金。硬质合金中的 Co 元素与工件材料中的 Fe 元素属于同族元素,两者具有较大的亲和性,在特定的条件下可以无限固溶,因此就容易发生扩散。

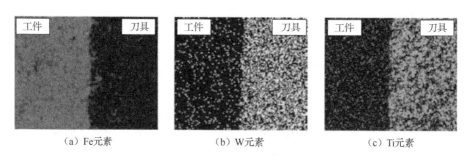

（a）Fe元素   （b）W元素   （c）Ti元素

图 4-5 刀-屑元素扩散界面元素分布

2. 前刀面刀-屑元素扩散数值分析

假定硬质合金刀具和 2.25Cr1Mo0.25V 钢均为成分均匀的固溶体合金块,其组元素 i 的初始浓度值分别为 C_{i1} 和 C_{i2} 且 $C_{i2} > C_{i1}$,将其紧密结合在一起形成扩散偶。扩散偶加热到一定温度并保温一定时间,组元素 i 会从浓度高处往浓度低处扩散,其中硬质合金刀具和 2.25Cr1Mo0.25V 钢的结合面垂直于水平 x 轴,结合面处设为坐标原点,如图 4-6 所示。

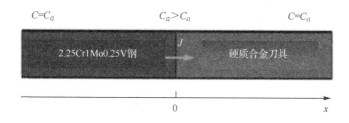

图 4-6 扩散偶示意图

假定远离扩散界面的组元素 i 保持恒定,则组元素 i 浓度的初始条件和边界条件分别为

$$\begin{cases} C(x',t'=0) = C_{i1} \\ C(x',t'=0) = C_{i2} \end{cases}, \quad \begin{cases} C(x'=+\infty, t'>0) = C_{i1} \\ C(x'=-\infty, t'>0) = C_{i1} \end{cases}$$

结合菲克第二扩散定律、扩散元素浓度的初始条件和边界条件以及误差函数的求解方法，扩散偶经过时间 t 扩散之后，元素 i 浓度沿 x 方向的分布公式，即元素浓度计算公式为

$$C(x',t') = \frac{C_{i1}+C_{i2}}{2} + \frac{C_{i1}-C_{i2}}{2} \, \mathrm{erf}\left(\frac{x'}{2\sqrt{Dt'}}\right) \tag{4-12}$$

式中，C_{i1} 为工件材料中某元素初始浓度；C_{i2} 为刀具材料中某元素初始浓度；t' 为扩散时间。

由以上元素扩散理论模型（4-12），结合实际切削过程，当硬质合金刀具材料 YT15 中 W、Co 元素向 2.25Cr1Mo0.25V 材料扩散时，因工件材料 2.25Cr1Mo0.25V 材料中不含 W、Co 元素，则 $C_{i2}=0$，因此 W、Co 元素理论扩散模型为

$$\begin{cases} C_{\mathrm{W}}(x',t') = \dfrac{C_{\mathrm{W1}}}{2}\left[1 - \mathrm{erf}\left(\dfrac{x'}{2\sqrt{Dt'}}\right)\right] \\[4mm] C_{\mathrm{Co}}(x',t') = \dfrac{C_{\mathrm{Co1}}}{2}\left[1 - \mathrm{erf}\left(\dfrac{x'}{2\sqrt{Dt'}}\right)\right] \end{cases} \tag{4-13}$$

同理当 2.25Cr1Mo0.25V 材料中 Fe 元素向硬质合金刀具材料 YT15 扩散时，因硬质合金材料中不含 Fe 元素，则 $C_{i1}=0$，因此，Fe 元素扩散模型为

$$C_{\mathrm{Fe}}(x',t') = \frac{C_{\mathrm{Fe2}}}{2}\left[1 - \mathrm{erf}\left(\frac{x'}{2\sqrt{Dt'}}\right)\right] \tag{4-14}$$

本节基于元素扩散理论与扩散机制，利用菲克第二扩散定律描述了前刀面的元素浓度分布，并以此为基础在后续研究中通过试验及仿真的方式进一步分析刀具前刀面接触区元素扩散行为。

4.2　刀具前刀面接触区元素扩散建模及试验

元素扩散始终伴随着切削过程，"外来"元素的流入及刀具基体中元素的流失改变了刀具基体的成分和微观结构，进而影响刀具的性能。而温度作为最重要的切削条件之一，不仅影响切屑的颜色，还会影响元素的互扩散进程。为了更好地探究有无刀-屑黏焊以及温度对元素扩散的影响，本节用硬质合金刀具材料 YT15 与 2.25Cr1Mo0.25V 筒节材料组成扩散偶，进行扩散试验探究其影响规律。

4.2.1　扩散试验系统搭建

1. 前刀面刀-屑黏焊、黏结破损的过程分析

　　结合之前的切削试验及加工现场发现，大部分刀具在其前刀面处有不同程度的黏结，如图 4-7 所示。在切削加工过程中，由于工件表面氧化皮或缺陷的存在造成部分凸起或凹坑，导致刀具处于断续切削，刀具经过此处会受到较强的冲击载荷和热应力；2.25Cr1Mo0.25V 钢在较高温度和较大切削力作用下，因大的塑性导致刀-屑表面紧密接触，使表面原子间距达到扩散的程度，并且高温条件促进了原子扩散。当原子跨过界面发生相互扩散后，刀-屑接触区形成了共同的再结晶晶粒，使其牢固地黏焊在一起，即所谓的"黏刀"现象，黏结的材料在切削过程中改变了原有的刀具前刀面几何形状，使加工表面高低不平，进而影响加工的尺寸精度[10]。

（a）实验室刀具　　　　　　　　　　　（b）加工现场刀具

图 4-7　刀具前刀面黏焊现象

　　已有的研究表明，硬质合金中的黏结相 Co 元素能够润湿硬质相，提升刀具材料的塑性和韧性。但是，在切削温度范围内，Fe、Cr、Co 元素的布拉维点阵结构类似，原子间的亲和性强，较易形成置换型固溶体合金[11]。由已完成的 2.25Cr1Mo0.25V 材料的切削试验结果可知，切削过程中因大进给大切深使前刀面承受很大主切削力，根据刀-屑最大接触面积与最小主切削力计算，其刀-屑接触区的压强为 100MPa，从而保证了材料表面的紧密接触，原子间距离达到较小级别；高温增加了扩散能力，使刀-屑中的元素穿过界面形成牢固结合。对合金刀具的前刀面进行面扫描，可得到其区域内的元素种类及浓度，Fe、Cr 元素的存在进一步证明了扩散的发生，如图 4-8 所示。

2. 扩散偶的结构选择

　　结合刀-屑黏焊的形成到刀具黏结破损过程分析，发现摩擦焊的过程和黏焊形成相似，主要分为三个阶段：首先，焊接毛坯件表面具有氧化皮、凹凸不平等特点，在摩擦的作用下，焊件接触面新鲜的金属表面裸露出来，由个别凸点摩擦过

渡到面的摩擦；其次，随着反复摩擦，焊件接触面抵抗变形能力降低，在静压力和剪应力的交互作用下，焊件表层材料塑性流动，材料表面相互接触，内部原子间相互吸引结合发生扩散，或出现再结晶现象；最后，由于接触面不断摩擦导致接触面积增大，接触区域出现塑性流动层，焊件间发生机械咬合。起初在摩擦力作用下咬合容易被破坏，后期咬合点和面积不断增加，当咬合力大于剪切力时形成牢固接头。焊件接触面在静压力、温度和接触面摩擦力作用下，接触面的黏结面积由小到大，同时伴随着元素的转移，最终形成稳定黏结或者牢固接头过程。因此，为了探究黏焊对元素扩散的影响，这里采用机械夹紧和焊接这两种试件进行试验验证，模拟切削过程中有无产生黏焊现象，虽然和实际切削过程中刀-屑黏焊形成不一样，但是可以近似模拟刀-屑元素扩散，探讨刀-屑元素扩散行为。

 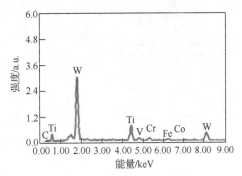

（a）刀具前刀面形貌　　　　　　（b）前刀面方块区域浓度分布

图 4-8　刀具前刀面扫描分析

3. 试验方案

　　结合切削试验中硬质合金前刀面黏焊层的形成过程，分析切削力、热以及刀-屑界面微观形貌，模拟近似切削工况的刀-屑黏焊元素扩散试验，有效反映出切削加工中未黏焊与黏焊两种扩散情况[7]。本书采用夹紧和焊接这两种方法来制备扩散偶。机械夹紧试件的制备，将筒节材料 2.25Cr1Mo0.25V 加工成规格尺寸与刀具一致的长方体薄片，同时在薄片中间加工直径为 6mm 的孔，夹紧试件表面进行研磨、抛光处理，其接触表面粗糙度 Ra 达到 0.05，以保证工件和刀具这两夹紧面紧密贴合，用螺栓将硬质合金刀具与长方体薄片固定在一起。根据切削试验，刀具前刀面刀-屑接触压力最大值可以达到 1~2GPa。在扩散偶试验时，刀具和工件接触表面进行抛光和研磨，其接触面紧密，100N 的夹紧载荷可以使刀具和工件强烈接触。焊件在制备时，先采用上述方法将 2.25Cr1Mo0.25V 材料与硬质合金材料 YT15 制备成夹紧件，然后采用焊接方式将其焊接在一起，形成牢固地结合，同样焊件两接触表面要进行处理，以保证工件和刀具紧密接触，如图 4-9 所示。

（a）夹紧试件

（b）焊接试件

图 4-9　扩散偶的外观形貌

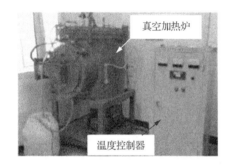

图 4-10　真空保温炉

由于在切削过程中，切屑不断流经刀具前刀面，前刀面始终与新鲜的切屑表面接触。为了更好地探究保温时间、有无黏焊对元素浓度变化的影响，本书采用夹紧方式的扩散偶进行加热。扩散试验在真空保温炉（图 4-10）中进行，分别在 600℃、800℃和 1000℃保温 60min。用机械夹紧试件近似模拟切削过程中未产生黏焊时不同温度的元素扩散状况；用焊件近似模拟切削过程中发生黏焊时不同温度的元素扩散状况。

对扩散处理后的机械夹紧试件进行抛光和腐蚀处理，清除表面氧化膜并保证平面的光滑，处理后使用酒精清洗，得到洁净的样件。使用扫描电子显微镜沿剖面进行观测，并进行能谱分析，得到接触区元素浓度分布的线扫描图谱，如图 4-11 所示。对扩散处理后的焊件做同样的表面处理，得到洁净的样件。然后使用能谱分析仪进行剖面浓度扫描，如图 4-12 所示。

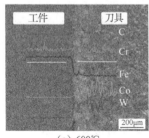
（a）600℃

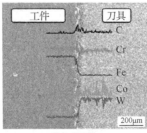
（b）800℃

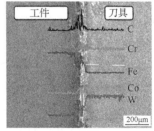
（c）1000℃

图 4-11　不同温度机械夹紧试件界面的元素浓度分布线扫描图谱

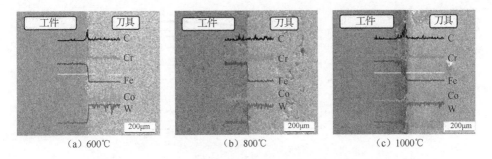

(a) 600℃   (b) 800℃   (c) 1000℃

图 4-12 不同温度焊件界面的元素浓度分布线扫描图谱

4.2.2 扩散试验结果分析

切削加工过程中，工件材料或刀具材料只会与空气中的氧和氮反应产生对应的氧化物和氮化物，其界面接触位置不会产生其他界面化合物。本节中扩散偶试验是在真空炉中进行，工件材料和刀具材料界面接触位置同样不会产生其他界面化合物，由于 Fe 和 W 分别为工件材料和刀具中浓度最高的元素，其扩散行为相对于低浓度元素更为明显；同时 Co 作为硬质合金黏结相，一方面润湿硬质相，另一方面提高合金的塑韧性，直接影响硬质合金的性能，因而选择 Fe、W、Co 三种元素作为主元素来描述扩散区的元素扩散浓度变化[12]。从图 4-11 中分别提取 Fe、W、Co 三种元素不同温度下硬质合金刀具侧的浓度值，绘制出元素浓度曲线，如图 4-13 所示。

由图 4-13 可知，未发生黏焊时，在不同的温度下，不同元素的扩散距离是不同的：对于同种元素来说，温度升高，其扩散速率相应增加，且温度对于 W 的影响随着温度的升高更加显著，略大于对 Fe 和 Co 的影响；对于不同元素来说，相同温度下的扩散距离也不尽相同，当远离扩散界面时，其浓度（质量分数）最终趋于一致。

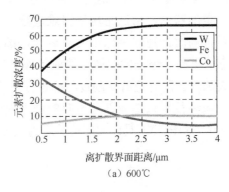

(a) 600℃

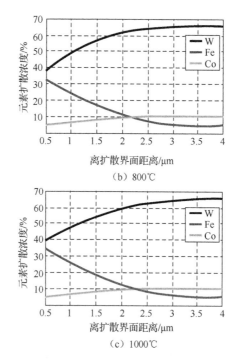

（b）800℃

（c）1000℃

图 4-13　机械夹紧试件在不同温度下的 Fe、W、Co 元素扩散浓度（质量分数）曲线

　　同样，对分别在 600℃、800℃和 1000℃保温 60min 的焊件进行表面处理，从图 4-12 能谱图中提取刀具侧的浓度值，绘制出其浓度曲线，如图 4-14 所示。由图 4-14 可知，当黏焊形成时，对于同种元素来说，随着温度的增加，扩散速率也在发生变化；对于不同元素来说，相同温度和保温时间下的扩散距离不尽相同，但都在远离结合界面元素浓度趋于一致。随着温度的升高，过渡区域的孔隙关闭和动态再结晶的速率增大，元素的扩散速率增加，当保温时间一定时，元素的扩散距离略有增加。扩散作为金属内部原子运动的基本方式，受周围原子的作用，原子的跃迁需要克服一定的势垒，常温常压下很难进行；温度的升高不仅提供了原子跃迁所需的能量，同时加速周围原子的热运动，部分原子由于振动而离开原来位置而留下空位，更易于原子的扩散，造成"外来"元素 Fe 不断增多，且 W 和 Co 元素的流失加剧。同时随着切削过程的进行，刀-屑不断地在前刀面黏结、挤走、再黏结，循环往复，造成部分破碎的硬质相随切屑被带走，进而造成元素的"非正常"流失，改变刀具前刀面扩散层的微观结构，进而影响刀具切削性能。

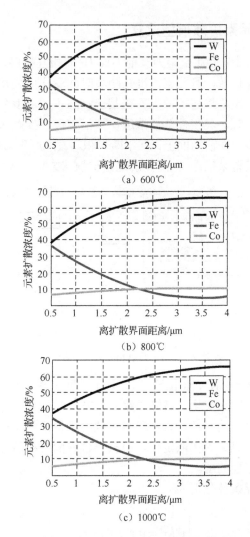

图 4-14　焊件在不同温度下的 Fe、W、Co 元素扩散浓度（质量分数）曲线

　　对比图 4-13 和图 4-14 可知，在相同的温度下，有无黏焊对同种元素的扩散有一定的影响，对不同元素的扩散影响是不同的。焊件中 Fe、Co 元素的浓度及扩散速率略高于夹紧试件中同种元素，并都在远离界面处趋于一致，说明黏焊对 Fe 的浓度及扩散速率在距离界面几微米处有轻微的影响，但并不影响其扩散后的最终浓度；同样，焊件中 W 元素的扩散速率高于夹紧件，在 1000℃时影响更为明显，说明黏焊的形成在一定程度上促进 W 元素的扩散。

4.2.3 半无限长元素扩散模型建立

在切削加工过程中，硬质合金刀具前刀面刀-屑相互接触，接触面处的扩散属于异种材料间元素互扩散，且元素浓度是随着时间变化而变化的，因此同样可采用菲克第二扩散定律定量描述扩散元素在某一状态下的浓度分布。又由于前刀面始终与新鲜的切屑接触，其工件侧的浓度保持恒定值，接触区域在温度和应力作用下导致工件材料残留在前刀面上，并不断累积，最终产生刀-屑黏焊。因此选用半无限长元素扩散模型来描述刀-屑侧的元素扩散状态，其模型如图 4-15 所示。

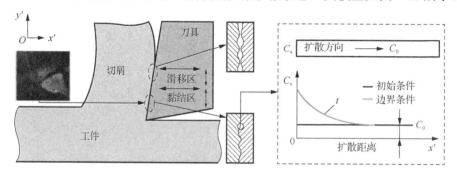

图 4-15 半无限长元素扩散模型

切削过程是在热-力耦合作用下，刀具与工件间亲和元素不断扩散，前刀面的表面成分和显微组织发生变化，最终导致刀具失效的过程[13]。其中，温度作为固体材料扩散中必不可少的一环，直接影响扩散的进程，为了探究温度的影响，且接触区的扩散符合菲克第二扩散定律，根据结合界面处扩散元素浓度的初始条件和边界条件，确定方程的解。

初始条件和边界条件分别为

$$\begin{cases} C\left(x'=0, t'=0\right)=C_0 \\ C\left(x'=0, t'>0\right)=C_s \\ C\left(x'=+\infty, t'>0\right)=C_0 \end{cases}$$

最终得到扩散方程的最终误差函数解，即元素浓度计算公式为

$$C\left(x', t'\right)=C_s-\left(C_s-C_0\right)\mathrm{erf}\left(\frac{x'}{2\sqrt{D(T/T_0)^p t'}}\right) \tag{4-15}$$

式中，x' 为扩散距离；C_0 为界面元素初始浓度；C_s 为工件材料扩散元素最终浓度；D 为扩散系数；p 为温度系数；t' 为扩散时间；T 为有效温度；T_0 为有效参考温度。

4.2.4　模型中未知参数确定

以刀-屑接触界面作为边界，使用半无限长元素扩散模型分别对 600℃、800℃、1000℃温度下 Fe、W、Co 三种元素在刀具侧的元素浓度数据进行拟合，分别得到这三种元素扩散方程中的扩散系数 D 和温度系数 p，如表 4-1 所示。

表 4-1　扩散方程中未知参数

元素	温度系数 p	扩散系数 $D/(\text{m}^2/\text{s})$
Fe	7.0554	1.237×10^{-15}
W	6.3373	8.553×10^{-13}
Co	3.8849	1.073×10^{-16}

根据所获得的 Fe、W、Co 这三种元素的扩散模型，分别预测出 600～1000℃前刀面 Fe、W、Co 浓度分布曲线，如图 4-16 所示。

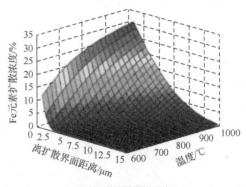

（a）Fe 元素扩散浓度分布

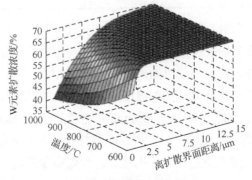

（b）W 元素扩散浓度分布

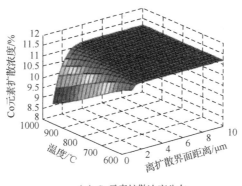

（c）Co 元素扩散浓度分布

图 4-16　Fe、W、Co 三种元素 600～1000℃前刀面元素扩散浓度（质量分数）分布图

由预测浓度曲线可知，随着温度的增高，Fe、W、Co 元素浓度扩散增加，同时随着离扩散界面距离的增加元素浓度趋于刀具基体的元素浓度。

4.2.5　模型正确性验证

1. 试验方案

为了验证模型的正确性，选取硬质合金刀具材料 YT5 和筒节材料 2.25Cr1Mo0.25V 作为试验材料，刀具的化学成分见表 4-2。

表 4-2　硬质合金刀具材料 YT5 的化学成分

材料	元素质量分数/%			
	Ti	W	Co	C
YT5	4	74	8	14

如图 4-17 为工厂切削筒节材料的粗加工现场，筒节材料直径长达 5m，切削深度可达 20mm，因此切削过程中温度较高、切削力过大。高温高压为元素的扩散提供了便利的条件，更容易发生刀-屑黏焊现象和刀具的黏结破损。

切削过程中的工艺参数为：切削温度 T=1000～1200℃；切削时间 t =1h；切削深度 a_p=20mm；切削速度 v=35～45m/min；进给量 f=1.2mm/r。

从图 4-17 可以看出，粗加工时，加氢筒节材料外面有很多氧化皮，造成表面形成凸起或凹坑。在加工凸起处时产生冲击，会使温度迅速上升，加工过后温度逐渐恢复正常，更容易造成黏结破损，如此循环往复，直至得到有明显刀-屑黏焊的刀具，如图 4-18 所示。

图 4-17 加氢筒节材料重型切削加工   图 4-18 产生明显黏焊的刀具

为了便于对其进行测量分析，首先从黏结位置处沿横向进行线切割，得到的试件，并用砂纸和抛光机进行打磨，消除端面"毛刺"，保证其端面的平整；将打磨的样件放入腐蚀液（氢氧化钠和铁氰化钾按照 1∶5 的比例放入烧杯，并加入无水乙醇）中 1～3min，除去表面的氧化物和杂质等，并用酒精进行清洗，得到洁净的试件，便于进行测量；对得到干净表面的试件进行电镜扫描和能谱分析，得到表面的微观形貌和元素浓度分布。所需设备如表 4-3 所示。

表 4-3 试验设备

设备	型号
机床	线切割机床
砂纸	金相砂纸
抛光机	手动式抛光机
扫描电子显微镜	SUPRA 55 SAPPHIRE

2. 试验结果及验证

将处理完的洁净试件放入扫描电子显微镜的真空系统中，进行电镜扫描和能谱分析，分析扩散元素的种类、浓度及扩散距离。图 4-19 为黏结物和刀具基体接触表面的 SEM 图片，两种不同材料的接触，其微观下的形貌也明显不同。

在其接触的分界面附近，做一条垂直于分界面的直线，沿直线对各个测量点进行能量分析，从而获得该直线上元素扩散浓度的连续变化趋势，将其数据提取出来，绘制出沿刀具深度方向的元素浓度分布，如图 4-20 所示。

对色散谱能谱扫描的图像进行分析可知，主扩散元素为 Fe、W、Co 三种元素，其中 Fe 和 W 为元素扩散浓度较高的元素，Co 为最易流失的元素，这三种元素的分布最能代表刀具和工件接触区元素分布，其元素扩散浓度分布如图 4-20 所示，将提取出的数据利用数据处理软件 Origin 绘制出刀-屑接触区的元素扩散浓度分布图。

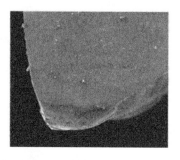

图 4-19　刀-屑接触表面的 SEM 图片

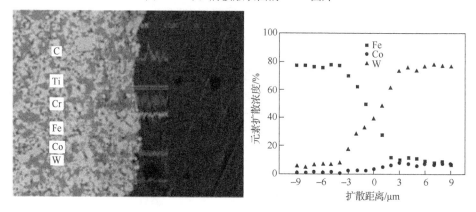

图 4-20　刀-屑接触表面元素扩散浓度（质量分数）分布

　　将 Fe、W、Co 的初始浓度及各自相对应的扩散系数、扩散时间分别代入式（4-13）和式（4-14），得到各元素浓度的理论扩散曲线，如图 4-21 所示。

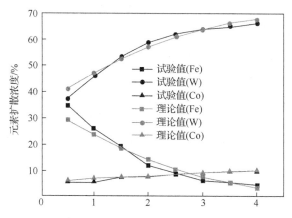

图 4-21　主元素 Fe、W、Co 理论扩散浓度（质量分数）曲线

由图 4-21 可知，工件中 Fe 元素发生一定扩散，同时伴随着刀具中 W、Co 的部分流失。其扩散的距离基本一致，在距离刀具侧 3μm 左右，远离刀具侧的浓度基本趋近于零，并保持不变。固体元素的扩散非常难以进行，所需条件较为苛刻，扩散的距离通常在几微米。

对比图 4-20 和图 4-21 可知，刀-屑接触区的元素扩散浓度分布基本一致，其中有些区域浓度会高于或低于理论值，这可能是由以下几个方面引起的：

（1）扩散系数的求解过程中有一定程度的简化，存在细小的误差。

（2）试件处理过程不够完善，可能造成氧化皮未完全脱落，在进行元素浓度测量时，加上仪器本身误差，造成一定的偏差。

4.2.6　刀具前刀面接触区元素扩散试验结果分析

在切削过程中，刀具和工件材料中元素在力-热耦合作用下发生扩散，导致前刀面表层组分发生改变，刀具切削性能受到影响。我们通过分析黏焊的形成过程，提出夹紧式和焊接式扩散偶试验方案，近似模拟不同温度下黏焊产生过程中元素扩散情况，探究温度和有无黏焊现象对元素扩散行为的影响，利用菲克第二扩散定律，结合扩散偶试验，建立考虑温度的刀-屑元素扩散理论方程。

（1）在真空条件下，使用夹紧件和焊件在不同温度下保温一定时间，可近似模拟黏焊未形成及形成后硬质合金刀具和切屑中元素的互扩散过程；结合前刀面刀-屑接触的第二变形区金属变形分析，阐述了黏焊的形成过程。

（2）根据菲克第二扩散定律，选用半无限长元素扩散模型来描述刀具侧的元素扩散状态，建立了考虑温度的刀-屑元素扩散理论方程。通过分析扩散试件在不同温度下的元素浓度分布，利用 MATLAB 软件对试验数据进行拟合，确定获得模型中的未知参数，利用能谱分析仪所测定刀具元素产生黏焊区域的元素浓度分布，绘制主元素的界面浓度曲线，验证了所建立的刀-屑元素扩散理论方程正确性，预测了不同温度下前刀面主要元素浓度分布。

（3）通过分析不同温度下的元素浓度分布可知，对于同种元素来说，随着温度的增加，扩散速率和扩散距离相应增加；通过对比夹紧件和焊件在相同温度的浓度分布可知，黏焊的形成不影响最终的浓度，但会一定程度促进扩散进程。

4.3　元素扩散行为的分子动力学仿真

4.3.1　分子动力学基本原理

分子动力学法是在原子、分子水平上求解多体问题的一种重要的计算机模拟方法。分子动力学的基本思想是假设所有的粒子运动规律都遵循经典牛顿运动方程，同时忽略电子云的量子效应，并且粒子间的相互作用满足叠加原理，当原子的初始位置和速度确定后，在其他的原子作用下其运动轨迹及每个瞬时的速度均可通过对牛顿运动方程作数值积分得到[14]。

对于一个含 n 个分子的运动系统，系统的能量为系统中分子的动能与系统总势能之和。其中总势能为分子中各原子位置的函数 $U(r_1, r_2, \cdots, r_n)$。

根据经典力学理论，系统中任一原子所受之力为势能的梯度：

$$F_i = -\nabla U = -\left(i\frac{\partial}{\partial x_i} + j\frac{\partial}{\partial y_j} + k\frac{\partial}{\partial z_k} \right) U \tag{4-16}$$

由牛顿运动定律可得原子的加速度为

$$a_i = \frac{F_i}{m_i} \tag{4-17}$$

将牛顿运动方程对时间积分，可以预测原子经过时间后的速度与位置：

$$\begin{cases} v_i = v_i^0 + a_i t \\ r_i = v_i^0 + v_i^0 t + \dfrac{1}{2}a_i t^2 \end{cases} \tag{4-18}$$

若给定系统初始状态（即初始位置与速度），对线性方程组进行求解，就可以得到系统中各粒子的运动轨迹，即任意时刻的位置与动量，再统计平均即可得出系统的热力学表征。

随着各种算法的发展以及计算机硬件能力的突飞猛进，分子动力学的研究对象已从简单分子简单环境发展到化合物在各种复杂环境下的状态性质，其研究应用范围也覆盖了物理、化学、材料、力学和生命科学等多个学科。

1. 原子间作用势函数

一个体系的能量可以近似看作构成该体系各个原子的空间坐标函数，而描述这种体系能量和原子结构之间关系的就是原子间相互作用的势函数，也被称为分子力场。进行分子动力学计算机模拟的关键在于建立一个能够准确反映实际情况的原子间相互作用的势函数。原子间势函数的确定需要知道相应的电子基态，而凝聚态物理电子基态的计算是一个非常困难的量子多体问题，因此在分子动力学模拟中一般采用经验势能来代替原子间实际作用势能[15]。

Stillinger 等[16]提出，任何含 n 个原子的系统的势函数可表示为

$$U(r_1, r_2, \cdots, r_n) = \sum_i U_1(r_i) + \sum_{i,j<i} U_2(r_i, r_j) + \sum_{i,j>i,k>j} U_3(r_i, r_j, r_k) + \cdots \tag{4-19}$$

式中，U_1 为系统原子所处的外部环境对原子作用产生的势能；U_2 为两个原子相互

作用产生的势能；U_3 为三个原子相互作用产生的势能。

一般情况下，由于系统内原子间相互作用的影响远大于单个原子本身所受的外力场的影响。为了减少计算量，通常忽略外力场的影响项 U_1 和三阶以上的多体效应项 U_m（$m>3$），这就是分子动力学模拟的对势模型。将三阶以上多体效应的影响作为修正项记入对势模型的二阶多体效应作用项中，就形成了各种不同的多体势函数。

1）对势函数

对势函数主要用于早期的惰性气体和液体的分子动力学模拟以及多体效应不明显的晶体。

Lenanard-Jones 模型是应用比较广泛的对势模型，其原子间的相互作用势函数方程为

$$U(r) = U(r_i, r_j) = 4\varepsilon \left[\left(\frac{\sigma}{r} \right)^{12} - \left(\frac{\sigma}{r} \right)^{6} \right] \tag{4-20}$$

式中，右端第一项为原子间的排斥作用，第二项为原子间的吸引作用，$r=|r_i-r_j|$ 为原子间的距离。σ 为零势距离，即当原子间距离 $r=\sigma$ 时，原子势能 $U(r)=0$。ε 为原子间的作用（吸引或排斥）强度，即一个原子从其所在的一个原子对中的平衡位置 r_0（此时原子间作用力为零）移动到无穷远处所做的功，不同原子 ε 不同，通常为 eV 量级。将式（4-20）代入式（4-16），可得 Lenanard-Jones 模型中原子间的作用力。

另一种常用的对势模型为指数 Morse 势，其势函数与原子间作用力的描述为

$$U(r) = \varepsilon \left[e^{-2\beta(r-p)} - 2e^{-\beta(r-p)} \right] \tag{4-21}$$

式中，$U(r)$ 为原子间势函数，r 为原子间距离；等号右端第一项表示原子间的排斥作用，第二项表示原子间的吸引作用，其中 ε 和 β 是根据材料确定的 Morse 常量，p 是零势距离。

2）多体势函数

在模拟固体和复杂的分子结构时，需要考虑原子间的多体效应。为了解决多体势项引入过多带来计算上的困难，人们又提出在对势的基础上，将三阶以上的多体作用作为一个修正项引入的思路，即将势函数写为

$$U(r_{ij}) = U_R(r_{ij}) - \varepsilon_{ij} U_A(r_{ij}) \tag{4-22}$$

式中，$U_R(r_{ij})$ 和 $U_A(r_{ij})$ 分别为对势模型中的距离为 r_{ij} 的两原子 i、j 之间的排斥作用项和吸引作用项；ε_{ij} 表征其他临近原子对当前原子对的多体效应。

在该思想的指导下出现了一系列新的多体势函数，如 Tersoff 势、Brenner 势和镶嵌原子法等。这些势函数的参数项都是由试验数据拟合得到模型参数，属于

经验势或半经验势。多体势函数考虑到原子周围的晶格环境，因此可以准确地描述存在于诸如界面、表面、缺陷等不规则晶格环境的原子间作用和总势能，是目前金属、陶瓷材料分子动力学模拟中应用较为广泛的势函数。

以上讨论的对势和多体势函数模型都属于经验势函数，其模型参数不是由量子力学计算得到，而是通过试验拟合获取。但是这些势函数都能够应用在大规模的分子动力学计算中，而且可以得到具有一定精度的结果。

2. 分子动力学系综

系综是指具有相同条件系统的集合。作为分子动力学模拟过程中的重要部分，以系综为起点推导得到其处于平衡态下的统计特性。分子动力学系统的基础为统计力学。在实际应用系综时，系综的正确选择直接关系到模拟过程及结果的好坏甚至正确性，实际过程中常用(N,T,P)进行材质相变化的研究等。

1）微正则系综

在微正则系综（NVE 系综）中，N 为粒子数、V 为体积、E 为模型体系内能，并都保持不变。因为微正则系统是一个孤立而又保守的系统，所以系统的总能量（总能量=势能+动能）是守恒的，常常用来确定积分的精度。它常用于描述系统与环境之间不存在热交换的绝热过程，并且温度 T 和压力 P 没有控制因素。

2）正则系综

正则系综（NVT 系综）中，由于粒子数 N、体积 V 和温度 T 保持不变，总动量也不会发生改变，这种有规律的集合动力学称为恒温动力学。为了控制系统的温度，需要建立一个"虚拟"的"洗浴环境"，进行相互的能量交换。

3）恒温恒压系综

恒温恒压系综（NPT 系综）中，粒子数 N、压强 P、温度 T 是常数，恒温恒压下只允许系统"体积"有变化。这里有两种改变体积 V 的方法：一个是改变大小保持形状，另一个是同时改变形状和大小。由于压力 P 和体积 V 共轭，可以通过改变系统的体积来改变压力，因此可以根据这一原则进行压力的调节。

3. 初始条件和边界条件

1）初始条件

在进行分子动力学模拟前需要给定初始条件，像时间步长、初始速度、初始位置等，对初始条件做初始化，原则上初始条件并不重要，只要时间足够长就会忘记初始条件，因此不需要精确给出初始值。但在实际的计算过程中，较好的初始条件能够使体系迅速趋于平衡；不合理的初始值可能导致体系达到平衡所需的时间变长，或者导致体系能量过高或不稳定，需要进行优化寻找能量最低时的状态以确保模拟的正常进行，保证初始条件的合理性能够提高模拟的效率，保证模拟的成功性。初始位置的给定是任意的，可以是有序的，也可以是无序的，分子动力学模拟的就是体系在空间的运动轨迹，最终达到一个平衡，这个轨迹是固定的，如图 4-22 所示。随着计算机技术的发展，目前针对模型的初始构建可以采用一些商业化的软件，保证初始条件的合理性。

图 4-22　分子动力学初始条件

初始位置的给定，一般有以下三种方法。

（1）位置在正规格子上，速度随机。

（2）位置偏离随机格子，速度为零。

（3）位置和速度都是随机的。

通常采用第一种方法给定初始条件，同时参考一些试验数据来确定粒子的位置。一般来说，体系中粒子的运动是无规则的，速度满足麦克斯韦速率统计分布规律或玻尔兹曼统计分布规律。

2）边界条件

目前计算机在处理分子、原子的聚合体问题时，分子动力学方法能处理的原子数受到计算机运行速度和能力的限制，就目前来说，最好的处理方法可以处理含有 10^9 量级的原子数目。然而，构成体系的粒子数远远高于这个数目，导致模拟系统的原子数远远少于真实系统的数目，造成所谓的"尺度效应"问题。因此，为了减小"尺度效应"对模拟结果的影响，又不加重计算机的负担，"周期性边界条件"由此产生。

取模拟材料中的一小部分原子，将取出的原子放置在基本单元的箱中，使基本单元周围的原子或分子变成表面，不同于原本要处理的分子状态，为了防止这种情况的发生，在基本单元的周围放置相同的复制单元，保证原子所处的体状态。因此，在进行计算时，对基本单元周边的原子或分子，不但要考虑基本单元内部的分子或原子之间的作用，还要考虑周边原子与其近邻复制单元的原子或分子的相互作用。在处理这种粒子间相互作用时，通常采用"最小影像约定"来计算一个粒子与其周围近邻原子的相互作用，这个约定就是通过满足不等式条件 $R_{cut}<L/2$ 来截断位势，其中 R_{cut} 是相互作用势的截断距离，L 为基本单元的距离大小。

周期性边界条件在很多体系中都有应用，但有些情况下必须要用到非周期性边界条件，如非均匀系统或非平衡系统；再如本身含有界面的团簇或者液滴，就不需要周期性边界。某些时候我们仅需要研究系统的一部分，比如物体的表面采用自由边界条件，内部可采用周期性边界条件；有时我们需要研究单项加载的模型，此时采用固定边界条件；有时系统的结构比较复杂，可能需要结合以上几种边界条件，叫作混合边界条件。因此，进行边界条件的选择时，要根据模拟的对象和目的以及本身体系的特点来确定[17]。

4.3.2 扩散层及模型建立

材料科学是高性能计算的重要应用。随着人们对材料认识的增加，越来越多的方法被用来研究材料性质，开拓材料新用途，进而改造材料满足使用。为了与试验中测得的扩散行为进行对比，采用分子模拟软件 Materials Studio 对切削过程中扩散行为进行模拟[18]，我们通过构建 WC 结构和以铁为基体的合金钢结构模型，并对其赋予温度及施加压力，通过模拟扩散的微观过程探究元素扩散的机制。

1. 建立 WC 结构

WC 是由两个基本原子 C 和 W 组成的密排六方结构，其空间群是 P6m2，其结构如图 4-23 所示，它是由 C 原子或 W 原子组成的密排面交错排列而成的，晶格参数为 a=2.906Å，c=2.837Å，其中，a 为密排六方平面六边形的边长，c 为棱柱高度。在讨论有关晶体生长、变形、相变或性能等问题时可能会涉及晶体中原子的位置、排列方向（称为晶向）和原子构成平面（称为晶面），因此为了便于确定和区分晶体的位置和方向，国际上通用米勒指数来统一规定晶向指数和晶面指数。对于立方晶系一般采用三个坐标即可明确标定，然而对于六方晶系，这种标定不能显示其对称性，因此根据六方晶系的对称特点，其结构由 a_1、a_2、a_3 和 c 四个晶轴组成，其中 a_1，a_2，a_3 三个晶轴两两之间夹角为 120°，因此，六方晶系的晶面指数可以表示为（$h\,k\,i\,l$）。由几何学可知，三维空间独立的坐标轴至多不超过三个，前三个指数中只有两个是相互独立的，关系为 i=-(h+k)，这样一来，i、j 和 k 的任何排列都能在六边形平面上描述具有相同几何形状的平面。

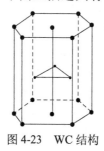

图 4-23　WC 结构

2. 扩散模型的建立

如图 4-24 所示，是采用 Materials Studio 软件建立的 WC 结构。

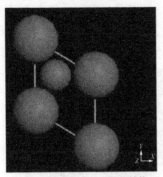
（a）未添加合金元素基体结构

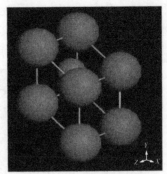
（b）添加合金元素后基体结构

图 4-24　Materials Studio 中 WC 结构

WC 结构如图 4-24 所示，其是由两种原子组成的密排六方结构，但输入的结构是六面体单元，为 WC 的原胞。完整晶体中，晶格在三个方向都有一定的周期性，在晶格取一格点为顶点，以三个不共面方向上的周期为边长形成平行六面体作为最小重复单元，来概括晶格特征，这个重复单元沿三个不同方向进行周期性平移，就可以充满整个晶格形成晶体。最小的重复单元的使用，一方面降低了存储所占的内存，另一方面能够明显节省运算时间，达到同样的预期效果。进行超晶胞的建立，超晶胞是对原胞原子数和空间结构的一种扩展，扩展形成新的重复单元。超晶胞一般用来研究晶体缺陷，如空位浓度、掺杂原子等。选择 build→sysmmetry→supercell，输入 A、B、C 的值，先得到 3×1×1 的晶胞，选择中间晶胞的碳原子，将其替换成 Co，如图 4-25 所示。Co 元素把 WC 晶胞连接起来，起到黏结剂的作用。再次选择 build→sysmmetry→supercell，输入 A、B、C 的值分别为 7、20、10，得到含有上千个原子的超晶胞，如图 4-26 所示。

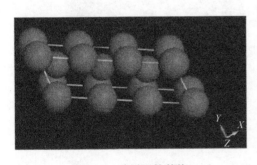

图 4-25　碳原子的替换

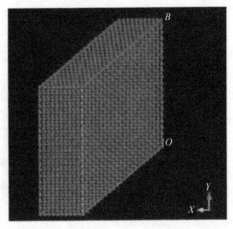

图 4-26　WC-Co 结构超晶胞

不锈钢的建模也是如此,不锈钢主要是以 Fe 为基体,添加一些合金元素来达到某种使用性能的合金钢,并对其中原子进行替换或掺杂,最后对结构进行优化,得到其优化前后的结构如图 4-27 所示。

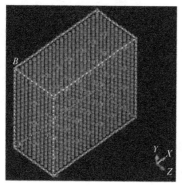

(a) 未添加合金元素基体结构   (b) 添加合金元素后基体结构

图 4-27 以 Fe 为基体的合金钢

4.3.3 计算结果分析

1. Dynamics 计算

对建立的模型进行 Dynamics 计算,速度为 Random,温度设置为 1073K,压力设置为 0.01GPa,并把优化的步数改为 1000,表示结构在 1073K 的温度下进行弛豫,此过程原子通过迁移、运动或者扩散,逐步降低原来的高内能态,向稳定的低内能态转变。

其扩散的最终结构如图 4-28 所示。

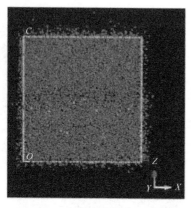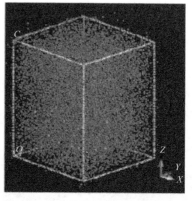

(a) 平面图   (b) 立体图

图 4-28 扩散后的体系结构

2. 分子能量分析

在计算过程中，体系温度和能量的变化曲线分别如图 4-29 和图 4-30 所示。

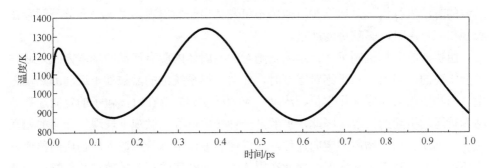

图 4-29　扩散体系温度的变化

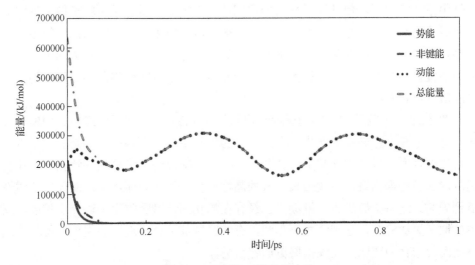

图 4-30　扩散体系能量的变化

由图 4-29 和图 4-30 可知，温度随着时间的增长不断变化，大概与时间步长成余弦三角函数关系，并且在相同时间下，能量的变化与温度的变化趋势是一致的。分子的势能一般为键结和非键结相互作用能量项的加和，计算公式如下：总势能=范德瓦耳斯非键结势能+键伸缩势能+键角弯曲势能+双面角扭曲势能+库伦静电势能+…。分子的动能几乎占据了分子的全部能量，稳定阶段基本接近总能量，其非键结势能非常小，基本趋近于 0，但在计算的初期阶段其数值与稳定阶段的差异很大，这是因为开始实际模拟的过程中，由于计算机硬件条件的限制，模拟分子数不能达到实际材料分子数量级别，会造成计算呈现指数级的增长，模拟分子数的限制会产生一定的影响；同时，由于在模拟计算的过程中通常采取对势能截断的方法来提高计算效率，对于截断距离之外分子间的相互作用按照平均密度近似的方法进行校正，但这种近似仍不可避免误差的出现，尤其是在分子间存在长程相互作用时，影响更为严重。

由扩散的微观机制可知，运动是绝对的，固体内质点运动的基本方式是通过扩散实现的，当温度高于绝对零度时，任何材料系统中的晶粒处于运动的热量之中。当物质内有梯度（化学位、浓度、应力梯度等）存在时，粒子的定向迁移被称为热运动引起的扩散。因此，扩散是一种传质过程，微观上表现为元素的相互交换，宏观上显示物质的定向迁移。在气体和液体中，除扩散外，物质的传递方式还可以通过对流等来实现；然而在固体中，元素间的相互扩散往往是物质转移的唯一途径。原子或离子的规则排列是晶体结构的主要特征，然而缺陷总是影响晶体中原子的排列，使其缺乏严格的周期性。而扩散本质上是由粒子做无规则运动形成的，因此在某些原子或离子晶体的热涨落过程中，由于振动而将间隙移入晶格点或晶体表面，在晶体中留下空位。显然，这些空位并不会永久固定下来，它们的位置不断变化并且进行无规则的迁移运动，通过随机移动到晶体结构中的热涨落过程获得能量。

图 4-31 为扩散后刀具侧的微观结构局部放大图，由扩散后的最终结构模型可知，基体中有一些微孔洞产生。孔洞形核的机制主要有两种：一种是应力超过原子间的结合力，原子键断裂形成孔洞；另一种是空位的大量聚集导致孔洞，孔洞周围的原子变得拥挤，慢慢偏离原来的晶格位置，呈现无序现象，晶体的整体性遭到破坏。随着扩散进程的继续，已经存在的孔洞通过吸收空位进一步扩展，周围的原子更加混乱，呈现不规则形状，有些区域甚至会出现撕裂现象，使基体晶格之间的结合力变弱，裂纹扩展更加容易进行。

图 4-31　扩散后刀具侧的微观结构局部放大图

4.3.4　仿真结论

通过刀具与工件元素扩散行为的分子动力学仿真，得到如下结论。

（1）分析 WC 结构，采用分子动力学软件，分别建立 WC-Co 结构和以 Fe 为基体的不锈钢结构模型，并进行动力学分析，得到其动力学分析过程中的温度、能量变化和模型最终结构。

（2）通过分析扩散后刀具侧微观结构局部放大图，观测到基体中已存在的微孔洞会伴随着扩散而进一步形核，加速了裂纹扩展。

4.4　本 章 小 结

通过试验和分子动力学仿真相结合的方法，对刀-屑接触区元素扩散行为进行了较为深入的研究，从微观机制层面分析了刀具前刀面黏结破损的原因。

（1）在切削加工筒节材料的过程中，刀具和工件材料中元素在力-热耦合作用下发生扩散。从硬质合金刀具失效机理来看，刀具前刀面始终与新鲜的切屑表面紧密接触，刀具前刀面承受较大的应力。接触表面的原子之间距离达到相互吸引的距离，同时较高的切削温度使表面原子获得较高的扩散能力，扩散行为发生。同时由于工件材料和硬质合金刀具中的各元素间具有较强的亲和性，使刀-屑接触区亲和元素相互扩散，其中硬质合金刀具前刀面的 W、Co 元素丢失，WC 和 Co 之间的黏结作用减弱，刀具发生磨损加剧。

（2）同时在高温作用下双方的原子再结晶，刀-屑发生黏结。当剪切力无法将黏结物剥落时，就形成了牢固的黏焊层。但随着切削的进一步进行，在冲击载荷作用下，引起刀具表面产生裂纹等缺陷，黏焊层和刀具基体间的缺陷陆续经过成坯、孕育、扩展和汇合的一系列过程，使黏焊层与刀具基体间的结合力减弱，当结合力小于剪切力时，黏焊层材料被撕裂并被切屑带走，造成刀具的黏结破损。

参 考 文 献

[1] Bai D S, Sun J F, Chen W Y, et al. Molecular dynamics simulation of the diffusion behaviour between Co and Ti and its effect on the wear of WC/Co tools when titanium alloy is machined [J]. Ceramics International, 2016, 42(15): 17754-17763.

[2] Calatoru V D, Balazinski M, Mayer J, et al. Diffusion wear mechanism during high-speed machining of 7475-T7351 aluminum alloy with carbide end mills[J]. Wear, 2008, 265(11-12): 1793-1800.

[3] Zhong Z, Hinoki T, Jung H C, et al. Microstructure and mechanical properties of diffusion bonded SiC/steel joint using W/Ni interlayer[J]. Materials & Design, 2010, 31(3): 1070-1076.

[4] 李健男, 郑敏利, 陈金国, 等. 基于多目标优化的硬质合金刀具前刀面粘结破损试验研究[J]. 工具技术, 2019, 53(1): 15-19.

[5] Agrawal P M, Rice B M, Thompson D L. Predicting trends in rate parameters for self-diffusion on FCC metal surfaces [J]. Surface Science, 2002, 515(1): 21-35.

[6] 孙振岩, 刘春明. 合金中的扩散与相变[M]. 沈阳: 东北大学出版社, 2002.

[7] 郑敏利, 孙玉双, 陈金国, 等. 粘焊变质层对硬质合金刀具前刀面温度分布的影响[J]. 稀有金属与硬质合金, 2017, 45(2): 81-88.

[8] Wang Z B, Tao N R, Tong W P, et al. Diffusion of chromium in nanocrystalline iron produced by means of surface mechanical attrition treatment[J]. Acta Materialia, 2003,51(14): 4319-4329.

[9] Tong W P, Tao N R, Wang Z B, et al. Nitriding iron at lower temperatures[J]. Science, 2003, 299(5607): 686-688.

[10] 孙凤莲, 李振加, 陈波. 切削 2.25Cr1Mo0.25V 钢刀-屑间的粘焊破损机理[J]. 哈尔滨理工大学学报, 1997,(5): 1-3.

[11] 张士军, 刘战强. 涂层刀具扩散层的形成及其热传导分析[J]. 机械工程学报, 2010, 46(21): 194-198.

[12] 陈金国, 郑敏利, 李鹏飞, 等. 硬质合金刀具前刀面刀屑粘焊形成及元素扩散理论模型[J]. 中国有色金属学报, 2019, 29(4): 790-802.

[13] 陈金国. 硬质合金刀具切削 2.25Cr1Mo0.25V 材料元素扩散及刀具失效研究[D]. 哈尔滨: 哈尔滨理工大学, 2019.

[14] 李春艳, 刘华, 刘波涛. 分子动力学模拟基本原理及研究进展[J]. 广州化工, 2011, 39(4): 11-13.

[15] 潘龙, 杨奔峰. Cr 在 Fe-Cr 合金中扩散过程的原子尺度模拟研究[J]. 科技资讯, 2015, (9): 241.

[16] Stillinger F H, Weber T A. Fluorination of the dimerized Si(100) surface studied by molecular-dynamics simulation.[J]. Physical Review Letters, 1989, 62(18): 2144-2147.

[17] Wu Q, Li S S, Ma Y, et al. First principles calculations of alloying element diffusion coefficients in Ni using the five-frequency model[J]. Chinese Physics B, 2012, 21(10): 585-591.

[18] 蔡治勇. 界面微观特性的分子动力学模拟研究[D]. 重庆: 重庆大学, 2008.

第 5 章　硬质合金刀具疲劳特性分析

在硬质合金刀具的制造过程中（主要包括粉末压制与烧结），不可避免地会使刀具内部和表面存在一些微观缺陷，这些微观缺陷在切削过程初期较稳定，但在机械载荷、热载荷及其他因素的共同作用下，其内部或表面存在的微观缺陷不断演化放大、扩展合并，由微观缺陷发展成宏观裂纹，最终导致刀具失效。因此，基于损伤理论，研究硬质合金刀具黏结破损过程中微观缺陷演化导致刀具的性能劣化问题，分析其疲劳损伤特性，是硬质合金刀具黏结破损机理研究的一项重要内容。

5.1　损伤力学基础理论分析

损伤是指材料或零部件在各种加载条件下，自身的微观缺陷不断演化并最终导致破坏的过程。在服役过程中，由微观结构缺陷（微孔洞、微裂纹等）萌生、扩大等一系列不可逆的变化引起材料的力学及其他性能的劣化，会导致其丧失承载或继续服役的能力[1-2]。硬质合金刀具在进行金属切削加工的过程中，尤其是在断续切削条件下，承受不断地周期性冲击，使得刀具的内部缺陷不断放大扩展，最终导致刀具强度降低，抵抗断裂和过度变形的能力不足以承受刀具受到的周期性冲击，刀具发生断裂。因此整个失效过程与损伤的研究过程一致，可应用损伤力学进行硬质合金刀具的失效问题研究。

5.1.1　损伤的分类

外界环境、材料或构件的结构和自身性质均对损伤有着不同程度的影响[3]。从工程材料角度来看，损伤有金属损伤、聚合物损伤、复合材料损伤、岩石损伤等；从变形的角度出发，则损伤分为脆性损伤、塑性损伤、蠕变损伤和疲劳损伤；从载荷的实际工况来说，损伤可分为静/动载荷、常温、高温条件等；从几何分布来说，损伤可分为各向同性和各向异性。

依据以上损伤类型，针对不同材料的不同实际情况，常见的分类如图 5-1 所示。

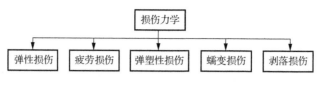

图 5-1 损伤的分类

（1）弹性损伤。在弹性损伤分析的基础上，引入能对损伤进行表征的损伤变量来进行损伤分析。一般能够发生弹性损伤的材料包括高强度低韧性金属和合金，高强度混凝土等。

（2）疲劳损伤。当材料或构件在承受周期性的载荷时，会发生疲劳现象。在疲劳分析的基础之上，引入能够有效描述宏观物理性能或能量变化等的损伤变量，以此进行疲劳寿命的分析预测。

（3）弹塑性损伤。与弹性损伤相类似，同样引入合适的损伤变量，基于弹塑性损伤分析，进行材料的损伤分析。通常在高韧性且低强度的金属及合金、复合材料等会出现弹塑性损伤，可以观察到这些材料的残余变形。随着温度的升高，金属会随之发生较大变形，因此弹塑性损伤也称为延塑性损伤。

（4）蠕变损伤。对于金属材料，在较高温度下会产生蠕变损伤，或者由于黏塑性产生和时间相关的变形条件时所产生的变形，这类损伤是时间的函数。

（5）剥落损伤。当材料受到冲击或者承受高速载荷时，会发生一定程度的弹性损伤或弹塑性损伤，这种损伤的叠加成为剥落损伤，又叫作动力损伤。

5.1.2　损伤理论的研究方法

对于机械设备或工程结构中的构件来说，从毛坯到成形一定会使构件在内部或表面产生微观缺陷。损伤理论则是研究材料或构件从原始微观缺陷到宏观裂纹扩展直至最终断裂破坏的整个过程，具体来讲则是指微缺陷的萌生、扩展与演变、体积元的破裂、宏观裂纹形成、断裂破坏[4]。

基于连续介质损伤力学的研究一般分为如下三个部分。

（1）损伤变量的表征。损伤变量是指表述材料损伤状态的变量，能够描述材料的某一性质随外界的不可逆变化过程。损伤变量的选择应与宏观力学性质建立联系，具有明确的物理性质且易于测量。

（2）建立本构关系模型。基于损伤变量建立的本构关系模型，用于描述损伤的演变规律，在耦合计算中起关键作用。本构关系模型计算应符合构件在实际工况中各阶段的损伤状态。

（3）确定损伤演化方程。根据初始条件、边界条件、具体数据求得模型中的参数。利用数学方法，求得各点损伤值，用以判定各点损伤状态。当所求损伤值达到临界值时可认为其被破坏。

5.2　硬质合金刀具损伤形式

在采用硬质合金刀具切削加工筒节材料的过程中，由于筒节材料毛坯件表面形貌分布复杂，使得刀具始终处于切削状态。随着切削不断进行，刀具在不断的循环冲击下，会发生损伤的累积。为了探明硬质合金刀具的具体损伤形式，通过对发生黏结破损的硬质合金刀具试件形貌进行观察，获得裂纹萌生与发展的趋势，再确定其损伤形式以及断裂机制等相关问题。

5.2.1　典型疲劳断口的特征

典型疲劳断口具有三个特征区，即疲劳源、疲劳裂纹扩展区、瞬断区[5]。如图 5-2 所示，疲劳源通常和缺口、裂纹等缺陷相关。在硬质合金刀具的制备过程中，不可避免会有一定程度的微缺陷，这种微缺陷主要是在粉末压制过程中产生的。在疲劳失效的断口中，疲劳源较光滑，且可以同时存在多个疲劳源。

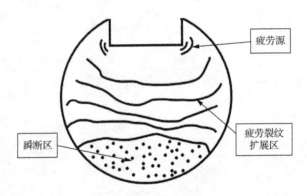

图 5-2　典型疲劳断口

随着构件不断承受交变应力，会使原有的微观缺陷不断扩展，形成微观裂纹，断口形成之后，在疲劳源附近会形成一定数量的平行弧线，类似于贝壳，是疲劳断口形貌的典型特征。这种贝壳线的形成与材料性质有关，当构件承受较大应力或材料韧性较差时，疲劳裂纹扩展区则相对较小，同时这种类似于贝壳的弧线也不明显。

当微观缺陷不断扩展形成的裂纹达到一定尺寸时，裂纹就会失稳快速扩展，使得构件发生瞬时断裂。当发生脆性断裂时，所产生的疲劳断口较粗糙，呈结晶状。同样，当承受的应力较大，或材料韧性较低时，这种瞬断区较大，反之则较小。

5.2.2　黏结破损刀具前刀面断口形貌分析

为了更好地对断口形貌进行观察与分析，选取三组（黏结破损明显）正交试验[6]中不同切削参数范围下所得到的发生黏结破损的硬质合金刀具试件，并进行电镜扫描试验，获取了不同倍数下的硬质合金刀具断口形貌图。三组切削参数如表 5-1 所示，对应刀具前刀面形貌图如图 5-3 所示。

表 5-1　三组切削参数

序号	切削速度/(m/min)	进给量/(mm/r)	背吃刀量/mm	切削时间/s
1	50	0.2	0.8	120
2	40	0.16	0.6	160
3	70	0.2	0.4	180

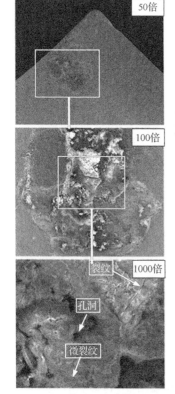

（a）第1组断口形貌图

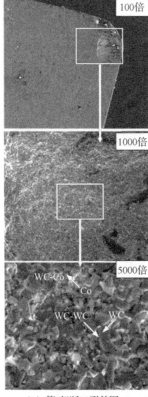

（b）第2组断口形貌图

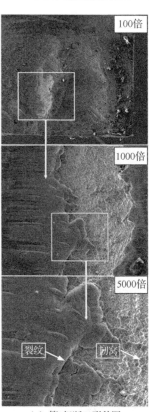

（c）第3组断口形貌图

图 5-3　刀具前刀面形貌图

如图 5-3（a）所示，分别为 50 倍、100 倍和 1000 倍下的刀具断口形貌图，可以发现，在刀具的前刀面断口表面，存在大量不规则的缝隙，可以判定为裂纹。形成这种状态的主要原因是硬质合金刀具材料是由硬质相 WC 和黏结相 Co 组成的，Co 的屈服强度相对较低，在较高的应力作用下更容易发生变形，由于这种变形差的存在，会在 WC 和 Co 的界面产生相对滑动，从而形成了裂纹。在切削加工的过程中，切屑与刀具之间的摩擦属于滑动摩擦，同时带来了剪切应力和刀具的受热不均，WC 与 Co 热膨胀系数不同而引起的热应力、Co 元素的扩散使得刀具材料表面层钴元素的减少以及表层组织发生缺陷，这些都是引起裂纹产生的原因。

硬质合金在高温高压作用下，其断裂形式主要是脆性断裂，即在正应力作用下沿解理面发生穿透晶体的脆性断裂。同时，在刀具受到周期性的冲击时，更容易发生脆性断裂。

如图 5-3（b）所示，分别为 100 倍、1000 倍和 5000 倍下的硬质合金刀具断口形貌图。不难发现，该组切削参数下的刀具断口的失效形式呈明显的沿晶断裂，与解理断裂一般都属于脆性断裂，主要指多晶材料沿晶界面发生断裂的现象，沿晶面上具有线痕特征的沿晶断裂，是氢脆断裂的典型形貌。在一些具有极粗大晶粒的材料中，沿晶断裂的宏观断口呈现"冰糖状"特征。若晶粒很细，须在电子显微镜下才能辨认。

硬质合金的断裂通常属于脆性断裂，断口形貌较光滑。车削下刀具黏结破损断口与静载荷断裂断口形貌相似，断裂的主要方式为穿 WC 晶粒的解理断裂或沿晶断裂。其脆性断裂特征较强，而刀具前表面的断裂主要沿 WC-WC 和 WC-Co 界面的晶间断裂进行。几乎没有发现 WC 穿晶断裂及断裂后解理花样存在。在 5000 倍放大倍数下，可以看出 WC 晶粒间的位错导致黏结相 Co 的挤出，引起晶粒间的脱黏，导致断裂。

如图 5-3（c）所示，分别为 100 倍、500 倍和 1000 倍下的硬质合金刀具断口形貌图。从图中不难发现，在其微观形貌下存在有一定数量的裂纹和韧窝。硬质合金刀具材料为脆性材料且主要以脆性断裂为主，但是由于合金中含有一定量的 Co 元素，因此会形成一定数量的韧窝。这些微观缺陷随着刀具不断承受循环加载的应力，逐渐融合、扩展、放大，最终形成裂纹。在断续切削中，刀具承受的应力状态不断发生改变，因此形成了一定数量的大小不同的韧窝。

根据三组不同范围切削参数下对发生黏结破损的硬质合金刀具前刀面的微观断口形貌进行观测可以发现，其断口形貌符合疲劳断口的典型特征，其损伤形式可以确定为疲劳损伤。

5.3 硬质合金刀具材料疲劳特性试验研究

采用硬质合金刀具加工筒节材料的过程中，在大切深大进给工况下，由于筒节材料锻件表面凹凸不平、存在大量氧化皮等杂质，使得刀具受到强交变载荷作用，加剧其疲劳损伤，最终导致刀具失效。本节将对硬质合金刀具材料 YT15 疲劳特性进行试验研究，揭示硬质合金刀具的疲劳特性。

5.3.1 硬质合金刀具材料疲劳试验

按照表 5-1 给出的参数，结合切削试验的实际工况、受力、设备情况进行室温拉压疲劳试验，试验参数如表 5-2 所示。其中，应力比 $r=\sigma_{min}/\sigma_{max}$；应力幅 $\sigma_a=(\sigma_{max}-\sigma_{min})/2$。

表 5-2 疲劳试验参数

试验序号	拉应力/MPa	压应力/MPa	应力比/MPa	拉（压）力/kN	频率/Hz
1	200	−200	−1	15	30
2	300	−300	−1	22.5	10
3	400	−400	−1	30	10
4	500	−500	−1	37.5	10
5	600	−600	−1	45	10

疲劳载荷的加载方式通常分为横幅循环、变幅循环和随机循环等，如图 5-4 所示，其描述载荷（应力）随时间变化的关系。疲劳试验的频率不作为变量，当应力幅值为 200MPa 时，疲劳试验机频率经测试可以达到 30Hz，当应力幅值增大时，其频率设置为 10Hz，如表 5-2 所示。

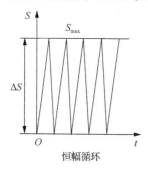 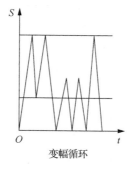 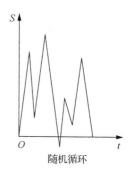

图 5-4 疲劳载荷加载方式

试件材料选取切削试验所用硬质合金刀具材料 YT15，形状与尺寸参照国家标准 GB/T 3075—2021《金属材料　疲劳试验　轴向力控制方法》，其具体尺寸如图 5-5 所示，其厚度为 5mm。

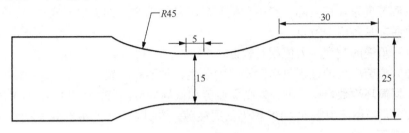

图 5-5　试件尺寸图（单位：mm）

5.3.2　硬质合金刀具材料疲劳特性分析

试验数据如表 5-3 所示。结果表明，随着应力幅值的增加，硬质合金刀具材料所能承载的循环次数降低，无明显分散现象。但是由于材料在制备过程中，同种材料不同批次间会有一定的差异，同时经过线切割加工后在试件表面会存在微小尺寸的沟壑，并且由于试件数量和设备使用时长关系的限制，仍存在一定误差与随机性。

表 5-3　疲劳试验结果

试验序号	拉应力/MPa	压应力/MPa	应力比/MPa	拉（压）应力/kN	频率/Hz	循环次数
1	200	−200	−1	15	30	1×10^7
2	300	−300	−1	22.5	10	2.99×10^5
3	400	−400	−1	30	10	61025
4	500	−500	−1	37.5	10	5364
5	600	−600	−1	45	10	215

由表 5-3 可知，在拉（压）应力为 200MPa 时，加载次数为 1×10^7，当应力增大到 300MPa 时，其可加载次数降低至 2.99×10^5，由此数据可知，其疲劳极限约为 200MPa。而发生黏结破损时的整个应力变化在 500～700MPa，应力最大值出现在刀-屑接触区域[7]，由此可见硬质合金刀具材料 YT15 在切削筒节材料时极易发生疲劳并导致刀具失效。

应力幅值控制材料的疲劳为高周疲劳与低周疲劳，当应力幅值为 200MPa 时，材料在经过一定次数的加载之后，未发生明显疲劳现象（在应力控制下，试件拉压位移没有明显变化趋势），材料加载次数根据疲劳极限定义（经过无穷多次循环而不发生破坏的最大应力)。

通常材料抵抗破坏的能力通过其强度进行表示,构件强度设计利用静强度极限表示。但构件在其使用过程中通常会承受低于其静强度极限的交变应力,导致其产生疲劳现象。在实际生产中,疲劳破坏是构件主要的失效形式之一。发生疲劳失效通常具备两个特点:

(1) 承受的交变应力值相对较低;

(2) 疲劳失效的过程包括微缺陷的萌生、扩展和断裂。

根据循环次数,疲劳可分为高周疲劳和低周疲劳,当循环次数 $N \geq 10^4$ 时,为高周疲劳,当循环次数 $N < 10^4$ 称为低周疲劳。控制应力大小能够获得不同应力幅值下的循环次数。

5.3.3 硬质合金刀具材料应力-寿命曲线

应力-寿命曲线又称疲劳曲线,通常是由一批标准试件进行疲劳试验,并利用拟合等数学方法进行统计得到的。在曲线中的纵坐标(即应力幅值)包含有限寿命疲劳、疲劳极限与持久疲劳极限。横坐标(疲劳寿命)中包含有限寿命区和无限寿命区。

利用 EXCEL 软件对疲劳试验数据进行处理,以对试件加载的应力幅值 σ 为纵坐标,循环次数为横坐标,根据试验结果绘制所得 S-N(应力-寿命)关系图如图 5-6 所示。

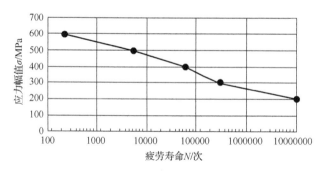

图 5-6 硬质合金刀具材料 YT15 应力-寿命曲线

通过硬质合金刀具材料 YT15 拉压疲劳试验所获得的 S-N 曲线与铁金属及合金的疲劳曲线一致,随着应力幅值的增加,试件所能承受的循环次数不断减小,当应力幅值增大到 600MPa 时,此时的应力幅值已接近其抗拉强度(硬质合金刀具材料 YT15 抗拉强度为 700~1000MPa),试件会突然断裂,与实际情况相符合。在应力幅值为 200MPa 时材料未发生疲劳现象,增加到 300MPa 时其循环次数减小至 297857 次,因此硬质合金刀具材料 YT15 的疲劳极限约为 200MPa。

5.4　基于 ANSYS 硬质合金刀具材料疲劳仿真分析

5.4.1　疲劳仿真前处理

首先建立 Static Structural 静力学分析模块，输入硬质合金材料数据库，材料力学性能参数如表 5-4 所示。

表 5-4　硬质合金刀具材料力学性能参数

材料力学性能参数	数值
弹性模量/MPa	$640×10^{-3}$
泊松比	0.22
线膨胀率/(mm/℃)	$4.5×10^{-6}$
抗拉强度/MPa	700
抗弯强度/MPa	1150

之后进行模型的建立，具体形状、尺寸完全按照上节所述硬质合金刀具材料 YT15 疲劳试件，利用 Solidworks 三维建模软件进行绘制，并将其以.xt 格式导入 ANSYS 软件的 Geometry 模块中，如图 5-7 所示。将导入模块中的模型进行网格划分，根据试件尺寸，确定网格为边长 1mm 的正方体，如图 5-8 所示。

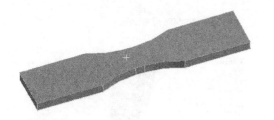

图 5-7　疲劳试件模型　　　　　　　　图 5-8　试件网格划分

进行网格划分之后对模型进行约束，其约束条件采取和疲劳试验同样的约束方式。约束方式采取面约束，对试件端面进行固定约束。载荷大小同 5.3 节所述疲劳试验一致，为恒定振幅载荷（即最大载荷与最小载荷应力水平恒定），施加方式为正方向拉力，负方向压力，两步施加，如图 5-9 所示。

图 5-9　施加载荷

5.4.2　疲劳仿真后处理

在 Solution 模块中添加应力与应变结果，并在结果中添加 Fatigue 模块（疲劳分析），其中包含循环次数、疲劳曲线、损伤值与安全因子等相关结果。各应力幅值下硬质合金模型的应力-寿命云图如图 5-10 所示。根据各应力幅值下的可加载次数云图可以看出，其最小循环处发生在预制断裂区，同试验一致。

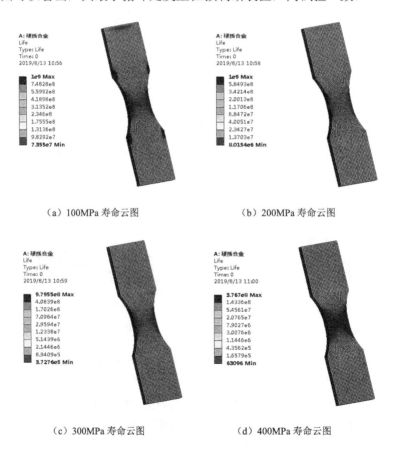

（a）100MPa 寿命云图　　　　（b）200MPa 寿命云图

（c）300MPa 寿命云图　　　　（d）400MPa 寿命云图

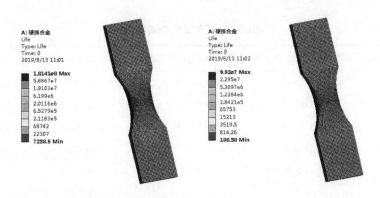

（e）500MPa 寿命云图　　　　　　（f）600MPa 寿命云图

图 5-10　各应力幅值下硬质合金模型的应力-寿命云图

如图 5-10 所示，在低应力状态下，试件的寿命较长，当试件的寿命超过 10^7 次时，可以认为材料可以继续循环，不会发生破坏。随着应力的增加，试件的寿命随之降低。当应力增大到接近材料抗拉强度时，材料会出现突然断裂的现象。

对数据进行归纳，应力、寿命数值如表 5-5 所示。

表 5-5　应力-寿命

应力幅值/MPa	寿命/次
100	7.36×10^7
200	8.02×10^6
300	3.73×10^5
400	63096
500	7239
600	188

5.4.3　仿真结果分析

由于疲劳试验的随机性，故再次进行两次疲劳试验仿真分析，取各组应力幅值下对应循环次数的平均值，作为最终仿真结果，与疲劳试验结果共同拟合。全部仿真结果如表 5-6 所示。

由表 5-6 可以看出，随着应力幅值的增大，试件可循环次数明显降低，当应力幅值增大到 600MPa 时，试件已经会发生瞬时断裂。当应力幅值为 200MPa 时，其循环次数接近 10^7，因此硬质合金刀具材料 YT15 的疲劳极限为 200MPa。

表 5-6　疲劳试验仿真结果

应力幅值/MPa	第一次试验加载次数	第二次试验加载次数	第三次试验加载次数	平均值
100	$7.36×10^7$	$7.03×10^7$	$6.99×10^7$	$7.13×10^7$
200	$8.02×10^6$	$8.23×10^6$	$7.92×10^6$	$8.06×10^6$
300	$3.73×10^5$	$3.57×10^5$	$3.12×10^5$	$3.47×10^5$
400	63096	65372	60653	63040
500	7239	7103	6958	7100
600	188	130	101	139

将数据与表 5-3 疲劳试验数据进行对比，其变化规律一致，各组应力幅值所对应循环次数的误差较小，所求疲劳极限相同。整体仿真结果与试验结果相符，可作为参数拟合的数据。

由表 5-6 可绘制 3 组仿真的 *S-N* 曲线如图 5-11～图 5-13 所示。

将三组仿真结果取平均值作为仿真最终结果，该组数据所绘制的 *S-N* 曲线如图 5-14 所示。

硬质合金刀具材料的 *S-N* 曲线，能够反映其在不同应力作用下的可加载次数，对刀具在切削加工中的切削参数选择与寿命预测具有一定的借鉴意义。

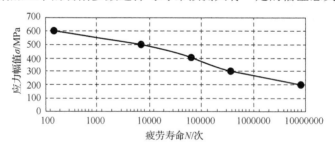

图 5-11　第一次试验仿真结果

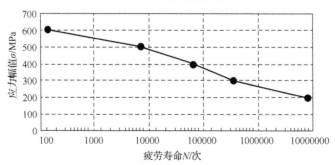

图 5-12　第二次试验仿真结果

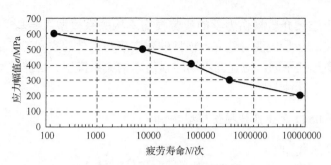

图 5-13　第三次试验仿真结果

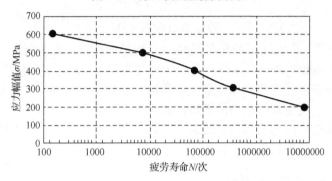

图 5-14　最终仿真结果

　　将仿真结果与疲劳试验数据进行对比发现，其数据值基本一致，仿真结果略大于试验结果，这主要是由于疲劳试验试件在线切割过程中形成的微小缺陷，以及在试验过程中不可避免会造成一定误差，这种误差在计算中可忽略不计，对试验结果无影响，因此可将试验与仿真数据共同带入疲劳损伤模型中，利用参数拟合的方法，能够求得强度退化系数。

5.5　硬质合金刀具材料疲劳损伤模型的建立

　　硬质合金刀具的疲劳损伤过程是在强交变载荷作用下，刀具材料的强度不断退化直至破坏失效的过程。本节将深入探究硬质合金刀具在切削过程中的疲劳损伤演化规律，建立疲劳损伤模型，为揭示其损伤机理提供理论依据。

5.5.1　疲劳损伤模型研究

　　基于损伤力学理论的硬质合金刀具疲劳损伤分析的核心问题是建立刀具的疲劳损伤模型。疲劳损伤模型可以用来研究构件的损伤演化规律和其物理性能的退化规律。

目前基于连续介质损伤力学的疲劳损伤本构关系模型主要基于强度/刚度退化、能量耗散、应力/应变等建立。模型的建立应与构件的实际工况相符，不同的工况，其损伤形式不同，应建立不同的损伤本构关系模型。目前常用的疲劳损伤模型主要有以下几种[8-9]。

1. Revuelta D 疲劳累计损伤模型

模型的表达式如下：

$$\frac{\mathrm{d}\sigma_R n}{\mathrm{d}n} = -AB\sigma_a^{\frac{1}{A}}\sigma_R n^{1-\frac{1}{A}} \tag{5-1}$$

$$D = R(n) = f(n,s) \tag{5-2}$$

式中，$\sigma_R n$ 为第 n 个循环时的剩余强度；σ_R 为循环载荷；σ_a 为材料的静强度；A、B 为强度退化系数，与材料本身有关；D 为损伤变量；n 为循环载荷作用次数；s 为循环应力张量。此模型以微分形式表示材料的强度退化规律，认为构件随着不断循环加载，会发生疲劳损伤的累积，其强度会随之下降。以材料的静强度（抗拉、抗压、抗弯强度等）为初始状态，当其强度退化至临界值（不同工况其临界值不同）时，可认为材料已经失效。

2. Lemaitre 疲劳损伤模型

模型的表达式如下：

$$f^* = \left(\frac{S_0}{S_0+1}\right)\left(\frac{-Y}{S_0}\right)^{S_0+1}\dot{P} \tag{5-3}$$

$$\dot{D} = \left(\frac{-Y}{S_0}\right)^{S_0+1}\dot{P} = \frac{D_c}{e_R-e_o}\left[\frac{2}{3}(1+v)+3(1-2v)\left(\frac{s_m}{s_{eq}}\right)^2\right]P^{\frac{2}{m}}\dot{P} \tag{5-4}$$

若 $S_0=1$，则简化为经典二次式：

$$f^* = \frac{S_0}{2}\left(\frac{-Y}{S_0}\right)\dot{P} \tag{5-5}$$

对于比例载荷损伤可表示为

$$D = \frac{D_c}{e_R-e_o}\left\langle\left[\frac{2}{3}(1+v)+3(1-2v)\left(\frac{s_m}{s_{eq}}\right)^2\right]P-e_o\right\rangle \tag{5-6}$$

式中，f^* 为耗散势；S_0 为材料参数；Y 为损伤能量释放率；$\dot{P}$ 为累积损伤变化率；$\dot{D}$ 为损伤变化率；D_c 为弹性系数张量；e_R 和 e_o 分别为应变与塑性应变张量变化率；v 为材料的泊松比；s_m 为静水应力；s_{eq} 为 Mises 等效应力；m 为材料相关指数；D 为损伤变量；P 为累积塑性应变。为了更好地对模型进行描述，引入数学符号<x>，其表达意义为：当 $x>0$ 时，<x>=x；当 $x\leq0$ 时，<x>=0。

3. Kou H X 疲劳累积损伤模型

模型的表达式如下：

$$D = D\left(\frac{n}{N}\right) \tag{5-7}$$

$$D\left(\frac{n}{N}\right) = D_1\left(\frac{n}{N}\right) + D_2\left(\frac{n}{N}\right) + D_3\left(\frac{n}{N}\right) \tag{5-8}$$

式中，$\dfrac{n}{N}$ 为相对加载次数；$D_i\left(\dfrac{n}{N}\right)$ 为各阶段疲劳损伤模型（裂纹起始、演化、断裂）。

$$\frac{E(n)}{E(0)} = 1 - \left(1 - \frac{E_f}{E(0)}\right) \times D(n) \tag{5-9}$$

式中，$E(0)$为材料的初始刚度；$E(n)$为经历 n 次循环后材料的剩余刚度；E_f为临界失效刚度。

硬质合金材料是由粉末冶金技术制备而成，在宏观尺度上是一种具有各向同性且均质特性的一种合金材料。作为刀具进行切削加工时，实际工况决定其疲劳损伤模型应基于强度变化建立。因此应采用基于强度退化理论的疲劳损伤模型。

5.5.2　损伤变量的选择与表征

在连续介质损伤力学理论中，所谓的损伤变量是指用来表征材料或构件在承受循环加载过程中劣化程度的一个度量，直观上可理解为微观缺陷占整体体积的百分比，它能反映物质结构的不可逆变化过程。损伤会引起材料微观结构和某些宏观物理性能的变化，所以在不同材料不同实际工况中的损伤变量可从微观和宏观这两个方面选择。

1. 损伤变量的选择

损伤变量的选择应与实际工况相符，且满足以下几个条件[10]。

（1）所涉及的独立材料参数较少，易于试验的测量与数学运算。

（2）具有明确的物理意义或者几何意义，即能够准确描述材料或构件的某一物理量（长度、面积或体积等）或其数量的变化。

（3）所选损伤变量应对损伤过程敏感，且对损伤全过程的描述具有足够的精度。这种足够精度的描述可以是细观层次，如微观缺陷（微裂纹、微孔洞、滑移和位错等）的尺寸、数量、取向等，也可以是基于宏观的物理量，如弹性模量、拉伸强度、电阻率或声强等。

损伤变量的选择通常需要考虑一定的研究层次和尺度，即在宏观尺度上，基于连续介质损伤力学理论，研究固体材料中的一个代表性单元，通过损伤导致的某一性能的改变而引起宏观力学性能或宏观物理参数的改变定义而来。一般表达式定义为[11]

$$D = 1 - \frac{A}{A_0} \qquad (5\text{-}10)$$

式中，D 为损伤变量；A 和 A_0 分别为材料或构件此时的力学性能与初始力学性能参数。

由式（5-10）可得，当 $D=0$ 时，$A=A_0$，表示材料处于初始状态，无损伤。当 $D=1$ 时，$A=0$，表示材料完全失效。在宏观层次的损伤变量通常为弹性模量、密度、电阻率、延伸率、拉伸强度等物理量，这类物理量对损伤的整个过程较为敏感，同时在试验中容易测量和计算，通常作为定义损伤变量的依据。

而在细观层次上，通常以体元为研究对象，其中包含大量信息，即微观缺陷的数量、类型、尺寸等。因此可以根据微观缺陷的统计分布规律来对损伤变量进行表征，此损伤变量为无量纲参数即微缺陷密度比 Φ_d 来表征微缺陷的损伤程度，其定义如下：

$$\Phi_d = \int_0^\infty n(a,t)\Phi(a)\mathrm{d}a \qquad (5\text{-}11)$$

式中，Φ_d 为微观缺陷的尺寸（长度、体积或面积等）；a 为微观缺陷的特征尺度；$n(a,t)$ 为微观缺陷损伤中的概率密度分布函数。其中基准量包括数量、面积、长度或体积等。

在采用硬质合金刀具断续车削筒节材料的过程中，随着刀具不断地承受周期性的机械载荷，其抵抗破坏及过度变形的能力逐渐降低，刀具材料强度不断退化直至破损失效。同时硬质合金材料的弹性模量较大，使得由于疲劳产生的形变量的改变较小，因此以应变以及与变形相关的物理量不能够准确地描述损伤过程，且不能有效通过试验进行测量与统计。

2. 损伤变量的表征

硬质合金前刀面的疲劳损伤过程等同于其在不断承受周期性机械载荷下，自身强度（抵抗破坏或过度变形的能力）逐渐降低，直至无法继续承受周期性载荷而发生破损失效。本章定义的损伤变量为硬质合金刀具材料 YT15 的剩余强度，以此来描述硬质合金刀具前刀面的损伤过程具有明确的物理意义和一定的合理性。损伤变量的表征如下：

$$R(n) = f(n,s) \qquad (5\text{-}12)$$

式中，R 为剩余强度，MPa；n 为循环载荷作用次数；s 为循环载荷，MPa。

定义损伤变量 D 如下：

$$D = \frac{R(n)}{R_m} = \frac{\sigma_R n}{\sigma_b} \tag{5-13}$$

式中，R_m 为材料的初始强度；σ_b 为材料的抗拉强度。

随着持续加载，其剩余强度逐渐降低，损伤变量从最大值 1 开始减小，当减小至失效临界值时材料或构件发生失效。

5.5.3 基于强度退化理论的硬质合金刀具疲劳损伤模型

对于硬质合金材料的疲劳机理而言，初期的裂纹、孔洞等微小缺陷对其本身影响很小，但在循环载荷所产生的高温高压强耦合作用下会使这些微小缺陷逐渐扩大，从而发生疲劳损伤，使刀具失效。

1. 疲劳损伤模型的建立

当循环载荷次数 n 等于 0 时，即为初始边界条件，此时刀具未发生损伤，剩余强度为材料本身抗拉强度。当 n 等于 N 时，即剩余强度为刀具材料抗拉强度的30%时为完全边界条件，此时刀具损伤累积达到失效。

根据文献[8]给出的疲劳损伤过程特点，恒幅交变载荷 n 次循环后，剩余强度与初始静强度可以通过确定性方程关系表述，具体形式见式（5-1）。

由于热力学的不可逆性，$\sigma_R n$ 是一个递减函数，对式（5-1）求导可得二次导数式：

$$\frac{\mathrm{d}^2 \sigma_R n}{\mathrm{d}n^2} = A^2 B^2 \sigma_a^{\frac{2}{A}} \sigma_R n^{1-\frac{2}{A}} \Big/ \left(1 - \frac{1}{A}\right) \tag{5-14}$$

由式（5-14）可知，只有当 $A<1$ 时，此强度退化模型为凸函数。在[0,n]对强度退化模型进行积分得

$$\sigma_R^{\frac{1}{A}} = \sigma_b^{\frac{1}{A}} - B\sigma_a^{\frac{1}{A}} n \tag{5-15}$$

经过简单变形可得

$$\sigma_b = \sigma_a \left[\left(\frac{\sigma_R}{\sigma_a}\right)^{\frac{1}{A}} + Bn \right]^A \tag{5-16}$$

当 $n=N$ 时，材料失效，此 $\sigma_R = \sigma_a = S$，代入式（5-16）可得

$$\sigma_b = S(1 + BN)^A \tag{5-17}$$

基于材料的 S-N 特性的表达式能够表示循环载荷 S 和与其对应的循环次数 N 的关系。式（5-17）满足疲劳特性 S-N 的关系曲线。

根据具体数据，通过非线性拟合或最大似然估计法等数学方法即可得到强度退化系数 A 和 B。由式（5-17）可知，硬质合金刀具材料 YT15 在经历 n_1 次循环后的剩余强度为 $\sigma_R n_1$。

根据式（5-18）可以计算基于强度退化理论下的硬质合金刀具材料剩余强度，估算刀具剩余寿命。

$$\sigma_R n_1 = \left(\sigma_b^{\frac{1}{A}} - B\sigma_{a_1}^{\frac{1}{A}} n_1 \right)^A = \left[\sigma_b^{\frac{1}{A}} - \frac{\left(\dfrac{\sigma_b}{\sigma_{a_1}} \right)^{\frac{1}{A}} - 1}{N_1} \sigma_{a1}^{\frac{1}{A}} n_1 \right]^A = \left[\sigma_b^{\frac{1}{A}} - \left(\sigma_b^{\frac{1}{A}} - \sigma_{a_1}^{\frac{1}{A}} \right) \frac{n_1}{N_1} \right]^A$$

（5-18）

2. 参数拟合

将表 5-3 与表 5-6 整理得表 5-7。

表 5-7　参数拟合数据

应力幅值/MPa	加载次数	
	N_1	N_2
100	1×10^8	7.13×10^7
200	1×10^7	8.06×10^6
300	297857	3.47×10^5
400	61025	63040
500	5364	7100
600	215	139

将表 5-7 作为参数拟合数据，分别代入式（5-17）中。利用 Python 软件对指定函数进行拟合。定义函数变形：$700/S = (1 + BN)^4$，$700/S$ 为因变量，N 为自变量，拟合参数 A 和 B。

当 $N = N_1$ 时，$A = 0.224053210391441$，$B = 7.057357026403767 \times 10^{-5}$，拟合曲线如图 5-15 所示；当 $N = N_2$ 时，$A = 0.2062792909439129$，$B = 0.0001031440880202 6045$，拟合曲线如图 5-16 所示。

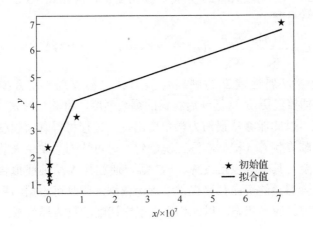

图 5-15　N_1 拟合曲线

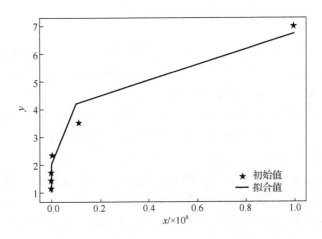

图 5-16　N_2 拟合曲线

分别对 A、B 取平均值，求得 $A \approx 0.215$，$B \approx 8.6859 \times 10^{-5}$。将 A、B 代入式中可得到硬质合金刀具材料 YT15 基于强度退化的疲劳损伤模型：

$$\frac{\mathrm{d}\sigma_R n}{\mathrm{d}n} = 1.88\sigma_a^{4.65}\sigma_R n^{5.35} \times 10^{-5} \tag{5-19}$$

再将强度退化参数代入式（5-15）剩余强度计算公式中可得其损伤演化方程：

$$\sigma_R n_1 = \left(\sigma_B^{\frac{1}{A}} - B\sigma_{a1}^{\frac{1}{A}} n_1\right)^A = \left(\sigma_b^{4.65} - 8.6859 \times 10^{-5}\sigma_{a1}^{4.65} n_1\right)^{0.215} \tag{5-20}$$

将式（5-20）代入式（5-13）可得其损伤变量数值如式（5-21）所示，其损伤变量可根据此式计算：

$$D = \frac{R(n)}{R_m} = \frac{\sigma_R n}{\sigma_b} = \left(\sigma_b^{4.65} - 8.6859 \times 10^{-5} \sigma_{a1}^{4.65} n_1 \right)^{0.215} / 700 \qquad (5\text{-}21)$$

基于材料 S-N 属性建立的硬质合金刀具材料 YT15 疲劳损伤模型，根据式（5-20）可估算经历 n 次循环后材料的剩余强度，将其代入式（5-21）可求得损伤变量数值，以此能够从损伤力学角度出发，进行材料剩余强度的计算，当剩余强度降低至临界状态（根据实际工况确定）时可认为其发生失效。同时此模型适用于硬质合金刀具材料包括 YW、YG 等，通过其 S-N 曲线拟合，求得模型参数，为硬质合金刀具的寿命预测提供了理论依据。同时可根据结果，确定计算不同切削参数下刀具应力状态，以此为标准确定切削参数选择范围。

5.6　本　章　小　结

（1）通过切削试验获取了发生黏结破损的硬质合金刀具材料 YT15，并对发生黏结破损的刀具进行前刀面形貌观测，分析了不同切削参数范围下的硬质合金刀具断口的失效机理，确定其损伤形式为疲劳损伤。

（2）通过对硬质合金刀具切削筒节材料发生黏结破损现象的分析，可以得出：硬质合金的黏结破损是由于其在不断承受循环加载的过程中疲劳损伤的累积，造成其自身强度的不断退化，直至发生断裂失效。

（3）根据实际工况中前刀面的受力情况确定了疲劳试验形式为拉压疲劳，通过拉压疲劳试验获得了不同切削参数范围下的循环次数。根据试验结果发现：硬质合金刀具材料 YT15 所能承受的拉压循环次数随应力幅值的增大而减少，与实际相符。当应力幅值低于 200MPa 时，不会发生疲劳现象，即其拉压疲劳极限值约为 200MPa，当应力幅值增大至接近其抗拉强度时会发生突然断裂现象。因此可根据优化切削参数或刀具角度设计来减少前刀面应力大小，从而减缓疲劳现象的发生。

（4）根据疲劳试验建立了拉伸模型，利用 ANSYS 有限元分析软件进行硬质合金刀具材料 YT15 拉压疲劳有限元分析。由三组仿真数据可以看出，硬质合金刀具材料 YT15 的循环次数随着应力幅值的增加而减少，其疲劳极限约为 200MPa，与疲劳试验结果一致。

（5）通过对硬质合金刀具切削筒节材料发生黏结破损现象的分析，可以得出：硬质合金的黏结破损是由于其在不断承受循环加载的过程中疲劳损伤的累积，造成其自身强度的不断退化，直至发生断裂失效。因此根据材料强度退化理论，从损伤力学角度出发，选取了损伤变量为材料的剩余强度，建立了硬质合金刀具材料 YT15 疲劳损伤模型，利用 Python 软件对模型中的参数进行拟合，得到了硬质合金刀具材料疲劳损伤演化方程，为硬质合金刀具的寿命预测提供了依据。

参 考 文 献

[1] 姚卫星, 杨晓华. 疲劳裂纹随机扩展模型进展[J]. 力学与实践, 1995, (3): 1-7.

[2] 陈振华, 姜勇, 陈鼎, 等. 硬质合金的疲劳与断裂[J]. 中国有色金属学报, 2011, 21(10): 2394-2401.

[3] 王文安. 损伤力学[M]. 武汉: 武汉水利电力大学出版社, 1992.

[4] 彭兆春. 基于疲劳损伤累积理论的结构寿命预测与时变可靠性分析方法研究[D]. 成都: 电子科技大学, 2017.

[5] 周华堂, 谢晨辉, 蒙世合, 等. 硬质合金弯曲疲劳性能研究[J]. 硬质合金, 2019, 36(4): 268-276.

[6] 陈修奇. 硬质合金刀具黏结破损行为的建模与分析[D]. 哈尔滨: 哈尔滨理工大学, 2018.

[7] 李哲. 硬质合金刀具切削高强度钢力热特性及粘结破损机理研究[D]. 哈尔滨: 哈尔滨理工大学, 2013.

[8] Revuelta D, Cuartero J, Miravete A. A new approach to fatigue analysis in composites based on residual strength degradation[J]. Composite Structures, 2000, 48(1): 183-186.

[9] Lemaitre J, Chaboche J L. Aspects phenomenologique de la rupturepar endommagement[J]. Journal Mecanique Applique, 1978, 2(3): 317-365.

[10] 陈波, 李付国, 何敏. 延性金属材料损伤变量的试验表征方法研究[J]. 稀有金属材料与工程, 2011, 40(11): 2022-2025.

[11] Kachanov M. On the time to failure under creep condition[J]. Izv Akad Nauk SSSR Otd Tekhn Nauk, 1958, 8(2): 26-31.

第6章 刀具前刀面黏焊层裂纹扩展特性

刀具基体和工件之间发生元素扩散，随着切削不断进行，刀-屑元素继续扩散引起刀具基体主要元素 W、Co 的大量流失，导致前刀面黏焊层内部出现缺陷（孔洞、裂纹等）。通过分析黏焊层内部微观缺陷，建立前刀面三维微观裂纹扩展模型，从裂纹扩展路径方面对前刀面黏焊层的剥离进行仿真分析，阐明硬质合金刀具黏结破损的演变过程。

6.1 裂纹对黏焊层剥离的影响

6.1.1 裂纹扩展形式

裂纹扩展是能量释放的一种形式，会引起系统的能量降低，使系统达到平衡。裂纹扩展是沿着能量降低最快的方向进行扩展。裂纹扩展主要有以下几种形式[1]。

1. 单裂纹

其一，沿晶扩展，如图 6-1（a）所示，当压应力和拉应力分别作用于材料内部晶粒和基体时，会使裂纹扩展方向发生偏转，绕过晶粒通过基体沿晶扩展，如图 6-1（a）中路径 1 所示。当裂纹绕晶粒与基体接触界面沿晶扩展时，如图 6-1（a）中路径 2 所示。其二，穿晶扩展，如图 6-1（b）所示，当拉应力和压应力分别作用于材料内部晶粒和基体时，会使裂纹直接穿过晶粒发生穿晶断裂。这两种断裂方式都会使扩展路径延长，导致扩展距离增加，阻力增大。

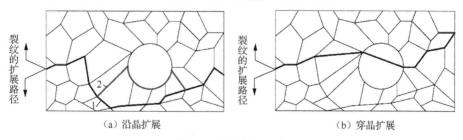

（a）沿晶扩展　　　　　　　　　　　（b）穿晶扩展

图 6-1　裂纹扩展形式

2. 多裂纹

构成物体的晶粒和基体会存在多条裂纹,如图 6-2 所示,两条裂纹发生偏转和桥接。裂纹的桥接一般发生在裂纹尖端处,是裂纹尾部效应的一种,主要受连接裂纹两个表面的闭合应力作用,使强度因子随裂纹扩展而增加。

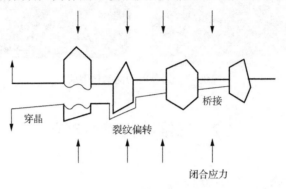

图 6-2　裂纹偏转和桥接

6.1.2　裂纹与黏焊层剥离的关系

在切削 2.25Cr1Mo0.25V 材料过程中,硬质合金刀具前刀面刀-屑发生黏焊,由于硬质合金中硬质相和黏结相在力热作用下容易发生变形,使刀具表面产生缺陷,促使刀-屑黏焊向刀具黏结破损演变。当刀具表面产生裂纹缺陷时,随着切削继续进行,刀具受到不断的冲击作用,导致前刀面黏焊层和刀具基体内部微观缺陷不断扩大,从而使黏焊层和刀具之间的结合强度降低。随着这种过程的不断累积,在剪切力的作用下,黏焊层随前刀面部分材料被切屑带走,前刀面产生磨损。磨损的不断累积最终导致刀具前刀面的黏结破损。在金属切削过程中,刀具前刀面裂纹的产生存在随机性,导致刀-屑黏焊破坏的随机性,但是随机又具有一定规律。通过对发生黏结破损的刀具进行表面形貌分析,发现在刀具基体上存在裂纹,如图 6-3 所示。

在图 6-3 中,刀具基体共有三条裂纹,且裂纹不是连续的,而是分段的。但是刀具在交变载荷和热应力作用下,裂纹扩展路径是无规则的,随着裂纹的扩展。其中一些裂纹可能会受强度高的晶粒或者第二相发生偏转而连接在一起,如编号为 1 和 2 这两条裂纹就有连接在一起的趋势。刀具前刀面因存在这种裂纹导致刀具发生破损,随着切削继续进行,将产生新的裂纹,新裂纹会加速刀具的黏结破损。因此,刀具裂纹的产生及黏结破损的耦合作用加剧了刀-屑黏焊的循环过程。

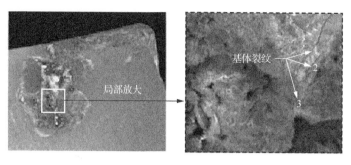

图 6-3　刀具前刀面基体裂纹

6.2　三维结构模型建立

6.2.1　硬质合金三维结构模型建立

利用扫描电子显微镜对制备好的发生黏焊的 YT5 刀具材料进行微观结构观测并测量其微观结构参数，结合体视学基本理论——某组织在二维图像中所占面积比等于其在三维空间中所占体积比，建立硬质合金三维结构模型。

1. 结构参数提取

为了研究前刀面因刀-屑元素扩散所产生的扩散变质层的裂纹扩展路径，需要知道刀具材料中各个组分之间的结合能，才能分析预制裂纹和晶粒之间结合能对刀具基体裂纹扩展的影响。根据第 2 章所搭建的切削试验系统，刀具材料采用硬质合金刀具材料 YT15，但是目前相关参考文献无记载 TiC 与 Co 的结合能。鉴于硬质合金刀具材料 YT5 的刀具相对于硬质合金刀具材料 YT15 材料含 TiC 少，如表 6-1 所示。因此，为了确保硬质合金刀具前刀面黏焊层三维仿真模型的准确性，取重型切削现场加工中发生黏焊的硬质合金刀具材料 YT5 刀具，如图 6-4 所示。

表 6-1　硬质合金刀具材料 YT5 和 YT15 的主要成分

材料	质量分数/%		
	TiC	WC	Co
YT5	5	85	10
YT15	15	75	10

图 6-4　附有黏焊层的重型刀具

　　为了获得较好的硬质合金刀具前刀面黏焊层微观结构，需要对样件进行处理。样件处理具体步骤如下：第一步，利用线切割沿着刀-屑黏焊界面纵向截面，将发生黏焊的重型车刀剖开；第二步，采用金刚石研磨膏对切出的黏焊刀具截面进行研磨，去除表面的氧化膜，并采用金刚石抛光剂进行抛光处理，如图 6-5所示。

图 6-5　附有黏焊层重型刀具抛光后形貌

　　为了制备金相试件，首先将抛光好的刀具放置在质量分数为 20%的铁氰化钾和氢氧化钠的混合液中腐蚀处理 20s，然后用清水与酒精把腐蚀液清洗干净。最后利用扫描电子显微镜对制备好的试件进行观测，如图 6-6 所示。

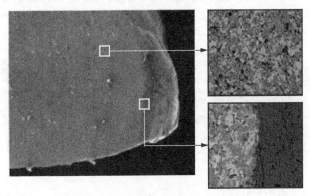

图 6-6　附有黏焊层刀具的微观组织图

2. 结构参数确定

为了适当简化硬质合金三维结构模型，将 TiC 晶粒视为 WC 晶粒进行处理。为了获得硬质合金刀具前刀面的微观结构参数，利用 ImageJ 软件对微观结构图进行处理并统计，得到硬质合金刀具前刀面的平均晶粒度、各相的体积分数以及晶粒邻接度。具体计算步骤如下。

1）各相的体积分数计算

利用扫描电子显微镜所拍摄到的硬质合金刀具材料 YT5 的二维微观结构图，如图 6-7 所示，结合体视学原理，进行各相体积分数计算。

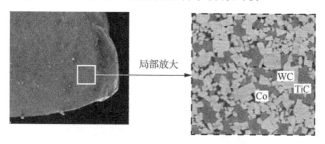

局部放大

图 6-7　硬质合金刀具材料 YT5 的二维微观结构图

体视学基本方程如下：

$$V_V = A_A \tag{6-1}$$

式中，V_V 为三维空间中某晶粒所占体积比；A_A 为二维图像中某晶粒所占面积比。

在体视学理论的基础上，可以通过面积法、截线法或观察点数法的百分比来确定硬质合金中各相的体积分数[2]。为了精确地得到各相的二维面积比，利用 ImageJ 软件并结合二值化降噪法对发生黏焊的硬质合金刀具材料 YT5 微观结构图进行处理，在面积法基本理论的基础上测算出硬质合金刀具中各相的体积分数。将图片上像素点的灰度值变为 0 和 255（黑色为 0，白色为 255），如图 6-8 所示。

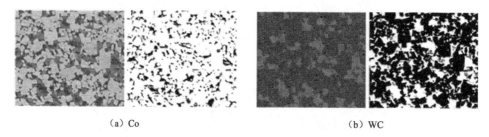

（a）Co　　　　　　　　　　　　　　　　（b）WC

图 6-8　硬质合金刀具材料 YT5 中 Co 和 WC 相二值化与去噪后的二维微观结构图

假设硬质合金中无杂质和孔隙，只包含 WC、TiC 和 Co 相，对图像进行灰度值测量，可得到硬质合金刀具材料 YT5 中 Co 和 WC 相的平均灰度值，如表 6-2 所示。

表 6-2 硬质合金刀具材料 YT5 中 Co 和 WC 相的面积及灰度值

名称	面积/μm²	平均灰度值/μm²	灰度最小值	灰度最大值
Co	901120	33.784	0	255
WC	901120	172.368	0	255

2）TiC、WC 平均晶粒尺寸及形状因子计算

同样取硬质合金刀具材料 YT5 的微观结构图片进行测量，如图 6-9 所示。

序号	名称	面积/μm²	周长/μm
1	STiC.bmp	1.767	5.653
2	STiC.bmp	2.866	7.077
3	STiC.bmp	5.838	12.200
4	STiC.bmp	1.472	5.523
5	STiC.bmp	1.081	4.726
6	STiC.bmp	1.056	3.976
7	STiC.bmp	1.120	4.418
8	STiC.bmp	1.011	6.732
9	STiC.bmp	3.541	8.213

（a）TiC

序号	名称	面积/μm²	周长/μm
1	SWC.bmp	3.157	7.453
2	SWC.bmp	1.126	4.806
3	SWC.bmp	0.629	3.062
4	SWC.bmp	0.682	3.347
5	SWC.bmp	1.372	4.818
6	SWC.bmp	1.909	5.652
7	SWC.bmp	0.894	3.842
8	SWC.bmp	0.505	2.914
9	SWC.bmp	0.532	3.038

（b）WC

图 6-9 硬质合金刀具材料 YT5 中 TiC 和 WC 晶粒面积及周长测量结果

为了获得 TiC 和 WC 平均晶粒的面积及周长，假设 TiC 与 WC 晶粒尺寸相同，无较小的细碎晶粒，总体的晶粒度为这两相晶粒度的平均值，测量计算结果如表 6-3 所示。利用式（6-2）和式（6-3）进行晶粒的等效圆直径和形状因子计算[2]。

等效圆直径：

$$d = 2 \times \sqrt{\frac{A_0}{\pi}} \tag{6-2}$$

晶粒的形状因子：

$$S_1 = \frac{4\pi A_0}{L^2} \tag{6-3}$$

式中，A_0 为晶粒所占面积；L 为晶粒周长。

表 6-3　硬质合金刀具材料 YT5 中 WC 和 TiC 晶粒的体积分数和周长

名称	数目	总面积/μm^2	平均大小/μm^2	体积分数/%	周长/μm
WC	192	312.746	1.629	49.089	5.064
TiC	46	119.321	2.594	18.729	6.643

3）晶粒邻接度计算

由于 TiC 和 WC 晶粒尺寸相近，因此在计算中假设两种晶粒尺寸和形状相同，将数值代入相应公式中进行邻接度的计算，硬质合金材料中含有两相，一个相包括 WC 和 TiC，一个相包括 Co。按式（6-4）进行相邻接度计算[3]：

$$c = \frac{2\sum_i L_{aa}^i}{2\sum_i L_{aa}^i + \sum_j L_{ab}^j} \tag{6-4}$$

式中，L_{aa} 为 a 相与 a 相的相界长度；L_{ab} 为 a 相与 b 相的相界长度。

采用 ImageJ 软件将 Co 相二值化进行周长测量，如图 6-10 所示。硬质合金刀具材料 YT5 中 Co 相的面积及周长，如表 6-4 所示，其中忽略较小面积，计算出周长总和；同理结合表 6-3 中 TiC、WC 晶粒的周长，计算出 TiC、WC 晶粒周长总和，然后根据式（6-4）计算出相邻接度。

序号	名称	面积/μm^2	周长/μm
1	Co.bmp	0.322	3.245
2	Co.bmp	0.178	2.229
3	Co.bmp	0.677	5.579
4	Co.bmp	0.119	2.164
5	Co.bmp	0.616	6.157
6	Co.bmp	0.387	3.154
7	Co.bmp	0.290	3.276
8	Co.bmp	0.662	7.183
9	Co.bmp	0.152	1.888

图 6-10　硬质合金刀具材料 YT5 中 Co 相面积及周长测量结果

表 6-4　硬质合金刀具材料 YT5 中 Co 相的体积分数和周长

名称	数目	总面积/μm²	平均大小/μm²	体积分数/%	周长/μm
Co	93	34.462	0.371	5.409	3.610

综合以上计算过程，可以得到硬质合金刀具材料 YT5 参数，如表 6-5 所示。

表 6-5　硬质合金刀具材料 YT5 的主要参数

名称	体积分数/%	质量分数/%	平均晶粒尺寸/μm	邻接度
TiC	19.15	7.43	1.41	0.74
WC	67.60	83.41	1.41	0.74
Co	13.25	9.16	1.41	0.74

3. 前刀面结构建模

由于 Voronoi 网格可以较好地描述多晶体材料的微观组织，因此在建模过程中，可以采用 Voronoi 多面体来生成硬质合金中的 WC 晶粒，结合 MATLAB 软件中 MPT 工具箱的 Voronoi 函数，建立的 Voronoi 晶粒模型。由于硬质合金刀具材料 YT5 中含有 WC、TiC 和 Co 相，同时 TiC 和 WC 晶粒尺寸相近，取两晶粒的尺寸平均值相等且符合晶粒大小要求，建立 Voronoi 晶粒模型，并在模型之间插入黏结相 Co。同时利用 MATLAB 软件，将晶粒数目和 Voronoi 多面体的面、边、点坐标信息等数据进行编译，生成 Voronoi 多面体数据文件。利用 MATLAB 数据文件可以对模型的边界和晶粒数目进行控制。具体建模过程如图 6-11 所示。结合以上建模过程，根据表 6-5 中硬质合金刀具材料 YT5 的材料参数，在 ABAQUS 中进行硬质合金三维结构模型建立。根据文献[4]中等效体积单元（representative volume elemet，RVE）代表性体积单元尺寸的选用原则，结合硬质合金刀具前刀面黏焊层的微观组织特点，选用仿真模型尺寸为 3μm×3μm×3μm，为了模拟裂纹形成，在两个连续（块体）元件的接触面之间设置一层黏性元素，各相单元采用 C3D4 单元，建模过程如图 6-12 所示。

6.2.2　裂纹扩展三维结构模型建立

1. Cohesive 单元嵌入

通过上述建立的硬质合金三维结构模型，可以看出建模过程主要分为两个步骤：第一步是 Cohesive 单元建立过程，第二步为 Cohesive 嵌入。硬质合金三维结构模型主要是嵌入 Cohesive 单元，再次运用 ABAQUS 自带的建模功能和 Python

软件编写 Cohesive 单元模型的 inp 文件共同完成。

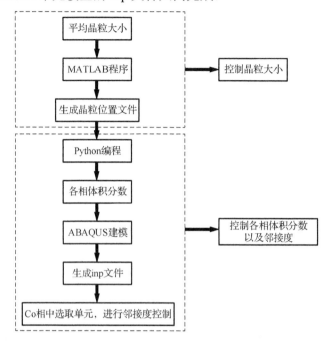

图 6-11　硬质合金三维结构建模流程图

（a）晶粒线　　　（b）晶粒面以及体　　　（c）插入 Co 相　　（d）硬质合金三维结构模型

图 6-12　ABAQUS 建模过程

　　模型中 Cohesive 单元主要是建立在开裂区的一种特殊单元，主要用来预测模型的开裂以及裂纹的扩展路径。Cohesive 单元嵌入方法分两种，一种是局部嵌入，另一种是全局嵌入。局部嵌入是当裂纹扩展至某处时再嵌入 Cohesive 单元。局部嵌入方法需要有特殊裂纹萌生，此方法需要在模拟开裂的过程中重新对网格进行处理，并且需要预制裂纹。而全局嵌入 Cohesive 单元，需要在裂纹可能扩展区域的每两单元之间嵌入。全局嵌入可以嵌入较多的 Cohesive 单元，致使整体模型的刚度降低。但在合理设置 Cohesive 单元本构参数和单元尺寸的情况下，此刚度降低的影响基本可消除。此方法无须在裂纹扩展过程中对网格进行处理，因此可以通过预测模型的开裂，在模拟裂纹扩展方面表现出了更高的灵活性。

在 ABAQUS 裂纹扩展仿真中，模型采用四面体单元（C2D4）进行网格划分。同时经过不断的仿真研究发现网格密度过大，会增加仿真计算的时间成本，仿真效率降低。因此，本节中设置 Cohesive 单元网格尺寸为 0.1mm，网格类型采用六节点单元（COH3D6）。将所嵌入模型的网格划分好之后，需要借助 Python 语句编写相应的 Cohesive 单元文件。Cohesive 单元由很多节点组成，其中部分节点存在共用关系，建立 Cohesive 单元本质上就是将共用节点分裂开来，然后重新组合。全局嵌入法需要实现每两个单元之间的嵌入，为了确定 Cohesive 单元的嵌入方向，需要规范 Cohesive 编号的编写顺序。将二维 Cohesive 单元嵌入方法进行推广改进，实现三维 Cohesive 单元的嵌入。如图 6-13 所示，有四个单元，分别编号为 1，2，3，4。嵌入 Cohesive 单元需要分裂四个单元之间的共用节点，生成新的节点，新生成的节点数=分裂处单元数-1。在保持坐标不变的原则下，对新生成的节点进行重新编号并组合生成新单元。

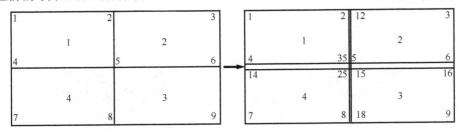

图 6-13　二维 Cohesive 单元嵌入

本节需要借助 Python 语言实现三维结构模型中 Cohesive 单元的嵌入，所编写的程序具有以下几种功能，如图 6-14 所示。

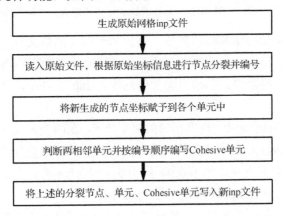

图 6-14　Python 嵌入 Cohesive 单元流程

（1）将需要嵌入 Cohesive 单元的 inp 文件输出。文件中应包含的信息如表 6-6 所示。

表 6-6　原始 inp 文件中的信息

数据名称	包含信息	
节点	节点编号	节点坐标
四面体单元	单元编号	节点编号
各材料单元集合	集合名称	集合包含单元编号

（2）如图 6-15 所示，嵌入 Cohesive 单元需要更新节点信息，在坐标保持一致的条件下，将单元间的共用节点分裂生成新节点，同时重新编号，新生成的节点数=分裂处单元数-1。在新建的 inp 文件中插入新的节点信息即可完成嵌入模型节点坐标信息的更新。

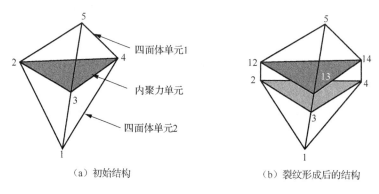

（a）初始结构　　　　　　　　（b）裂纹形成后的结构

图 6-15　三维 Cohesive 单元嵌入

（3）完成节点坐标信息编写之后，需要编写单元离散文件。将分裂生成的新节点插入单元中，节点编号遵循独立原则，即节点不能重复编号，保证模型中单元之间的离散性。将新单元和节点编号信息插入 inp 文件中，完成单元离散文件的编写。

（4）在新生成的单元中，找出相邻的两个单元，在两个单元之间嵌入 Cohesive 单元，由于 Cohesive 单元所受到的载荷方向由其单元节点顺序决定，因此按照顺序编写 Cohesive 单元上生成的节点编号，并将 Cohesive 单元上的节点编号信息插入 inp 文件中，生成 Cohesive 单元的节点信息。

（5）将编译生成的所有节点，单元信息写入 inp 文件，写入信息的 inp 文件能够实现 Cohesive 单元的嵌入。inp 文件信息如表 6-7 所示。

表 6-7 新 inp 文件中的信息

数据名称	包含信息	
节点	节点编号	节点坐标
四面体单元	单元编号	节点编号
Cohesive 单元	单元编号	节点编号

为了使 Cohesive 单元能够嵌入三维结构模型,需要利用 Python 所编写的程序对原始 Cohesive 单元 inp 文件中的节点和单元信息进行更新,生成新的 inp 文件,实现 Cohesive 单元的嵌入。两种 inp 文件存在以下异同:①两种模型都采用相同的四面体单元(C3D4),新生成的 inp 文件中四面体单元存在新的节点并独立编号,具有离散化特性;②新生成的 inp 文件是新生成的 Cohesive 单元和节点的集合。在 ABAQUS 软件中导入新生成的 inp 文件,完成硬质合金三维结构模型Cohesive 单元的嵌入,得到硬质合金裂纹扩展模型,如图 6-16 所示。

(a) 晶粒及其 Cohesive 单元　　　　　　(b) 整体模型及其 Cohesive 单元

图 6-16　嵌入 Cohesive 单元的晶粒和整体模型

2. Cohesive 单元本构模型

选择合理的本构模型可以很好地反映材料的真实力学性能。本章研究的对象为硬质合金刀具,其为硬脆性材料。利用 ABAQUS 软件,进行 Cohesive 单元的嵌入。这里的 Cohesive 单元采用 Traction separation law(牵引分离定律)作为本构模型,选用典型的最大应力和断裂能作为断裂准则,如图 6-17 所示。在损伤开始之前,Cohesive 单元处于弹性阶段,其弹性模量为罚刚度 K_n。加载载荷,单元不断受力,Cohesive 单元之间开始分离产生分离面,内部应力在分离过程中不断增大,当内部应力增大到最大时,Cohesive 单元进入损伤阶段,刚度降低。为了更直观地展现单元损伤过程中的刚度退化,在 ABAQUS 软件中引入损伤退化系数 D:当 $D=0$ 时,单元未进入损伤阶段;当 $D=1$ 时,单元刚度退化为零,单元失效产生裂纹,进而导致裂纹扩展。在 ABAQUS 软件中,刚度退化类型分为三种:线性、指数型和表格型。本节中采用线性刚度退化类型。双线性准则如图 6-17 所示,断裂能和刚度的计算公式如下:

$$G^C = \frac{T_{\text{eff}}^0 \cdot \delta_m^f}{2} \tag{6-5}$$

$$K_n = \frac{T_{\text{eff}}^0}{\delta_m^0} \tag{6-6}$$

式中，δ_m^0 为损伤初始阶段单元的位移量；δ_m^f 表示失效阶段单元的位移量；G^C 表示单元从损伤初始到失效阶段产生的能量；T_{eff}^0 为最大应力。

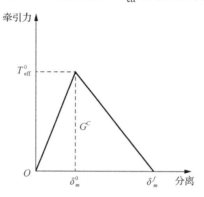

图 6-17　典型牵引力-分离响应

在 ABAQUS 仿真软件中，Cohesive 单元断裂仿真需要设置 K_n、T_{eff}^0、G^C 三个参数。由于试验方法的局限性，难以获取 Cohesive 单元的三个参数，因此，利用分子动力学仿真的方法获取参数。本节中 Cohesive 单元参数参照 Gren 的相关研究，Gren 结合分子动力学相关理论建立 WC 晶粒分子动力学模型，针对 WC 晶粒间的分子结合能和加入 Co 之后两晶粒之间的结合能进行研究。通过分析仿真结果得出，在加入 Co 之后，晶粒间结合能减小，晶粒内部的结合能为 5.76J/m²，晶界处的结合能为 3.2J/m²，加入 Co 后晶界处结合能为 2.7J/m²[5]。本节中取为弹性模量的 0.1%～0.01%[6-7]。在 MatWeb 网站（https://www.matweb.com）中查询在不同相条件下的 $T_{\max}$ 值所对应的弹性模量值，查询数据表如表 6-8 所示[7]。K_n 为 Cohesive 单元的罚刚度，弹性模量随着材料变化而变化，因此为了保证嵌入的 Cohesive 单元不会影响整体模型的刚度，K_n 需要足够大，但取值过大又会影响模型的计算效率，通常通过定义 δ_m^0 和 δ_m^f 的比值来计算 K_n，本节取 $\delta_m^0/\delta_m^f =0.001$，并结合式（6-5）和式（6-6）计算得到 K_n 值。

表 6-8　最大应力值所对应相的弹性模量

名称	弹性模量/GPa
WC	696
Co	211

3. 约束条件和加载方式

由于 2.25Cr1Mo0.25V 筒节材料的特性，在加工过程中，易于在刀-屑之间产生黏焊现象[9]。由于刀-屑之间产生黏焊层，导致刀具前刀面在切削过程中的受力状态会产生变化。连续切削过程中，在前刀面刀-屑紧密接触区易发生刀具磨损。在断续切削过程中，随着刀具不断地切入切出，切屑在切出时会粘在刀具前刀面，从而导致较为牢固的刀-屑黏焊。在紧密接触区，刀具前刀面主要受到切屑摩擦产生的剪切力；在峰点接触区，由于切屑向上卷曲，切屑在该处沿着前刀面不断流出，在切屑卷曲摆动和黏焊的作用下，前刀面主要受到垂直于前刀面的拉力。

1）加工 2.25Cr1Mo0.25V 材料时切屑带走部分前刀面材料原因分析

①对筒节材料与刀具材料进行分析可以发现，筒节材料中的 Fe、Cr 元素和刀具材料中的 Co 元素具有较强的亲和性，这会导致在切削过程中的高温条件下，刀具材料与筒节材料会牢固地黏附在一起；②在高温高压的作用下，刀-屑之间发生元素扩散，刀具材料的结构与成分发生改变，导致刀具材料强度降低；③在切削过程中，随着前刀面不断受着冲击的作用，刀具材料硬质相发生破碎，在高温高压的催化下，导致在前刀面表层和亚表层产生微裂纹，随着切削的不断进行，裂纹进一步扩展导致刀具失效[10]。

2）刀具前刀面刀-屑黏焊位置分析

①在断续切削过程中，刀具不断的切入切出，切削温度高，刀具前刀面受到不断的冲击作用，从而在刀-屑紧密接触区处会有部分材料因刀-屑黏焊作用被切屑带走；②在刀-屑峰点接触区，切屑在切削过程中，由于摩擦作用发生向上卷曲的现象。在切屑卷曲的过程中，切屑不断摆动导致温度变化，切屑对前刀面刀-屑峰点接触区处的刀具材料不断施加周期性拉应力，硬质合金材料抗拉强度不高，这些因素容易导致刀具发生黏结破损。

3）前刀面部分材料被切屑带走时的受力分析

（1）紧密接触区受力分析。

如图 6-18 所示，在紧密接触区，前刀面材料被切屑剥离。在该区域内，前刀面刀具材料受到沿切屑流速方向且垂直于前刀面的法向正压力 F_n（切削过程中的正压力和刀具内部材料正压力的合力），F 为该区域所受合力方向。当刀具内部材料正压力大于切削过程中的正压力，刀具前刀面部分材料被剥离出前刀面。由于紧密接触区处前刀面受到较大的压应力，导致刀-屑之间摩擦力较大。并且，在断续切削过程中，不断的切入切出会使刀具在切削过程中经历周期性的空切阶段，在空切阶段由于温差作用使刀具材料与筒节材料牢固连接在一起。由于在紧密接触区，切屑与前刀面之间存在摩擦力 F_f，方向与前刀面平行。由于摩擦力的作用，前刀面材料容易被挤出带走。

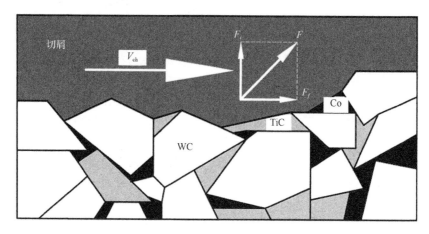

图 6-18 紧密接触区黏焊层受力分析

（2）峰点接触区受力分析。

如图 6-19 所示，在峰点接触区，前刀面材料被切屑剥离。在该处，同时受到切屑作用的摩擦力 F_f 和拉力 F_t。与在紧密接触区刀具材料被剥离的情况相比，在峰点接触区，切屑作用在前刀面的正压力较小，摩擦力 F_f 也较小，并且在黏焊的作用下，切屑与刀具前刀面连接牢固，切屑在卷曲过程中不断摇摆，使剥离处受到较大的拉力 F_t。将两外力合成得到一个垂直于刀具前刀面的合力 F，在其周期性的作用下，前刀面材料被切屑拉出带走。

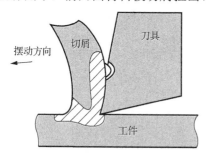
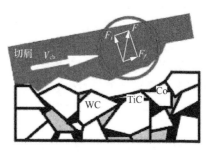

（a）切削过程中前刀面黏结破损示意图　　　　　　　（b）切削过程中前刀面受力情况

图 6-19 峰点接触区黏焊层受力分析

4. 黏焊层剥离三维结构模型

在对两种前刀面黏焊层进行受力分析的基础上，建立了两种受力模型——紧密接触区黏焊层受力模型和峰点接触区黏焊层受力模型，如图 6-20 所示。

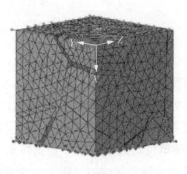

（a）切向载荷　　　　　　　　　　（b）拉伸载荷

图 6-20　边界条件设置

　　紧密接触区黏焊层受力模型如图 6-20（a）所示，在刀具前刀面施加平行于前刀面的剪切力，其中剪切载荷的方向沿 Y 轴向前；峰点接触区是在切屑与前刀面快要分离的区域，峰点接触区的黏焊层受力模型如图 6-20（b）所示，其中在该区域施加的拉伸载荷方向沿 X 轴向上。

6.3　黏焊层裂纹扩展仿真分析

　　在硬质合金裂纹扩展路径方面，国外学者主要以试验方式进行了大量的研究。Gurland[11]发现硬质合金断裂主要发生在 WC 晶粒和 WC-WC 边界上。日本三菱综合材料集团为了探究硬质合金裂纹扩展规律，进行硬质合金拉伸试验，并利用扫描电子显微镜观察其裂纹扩展路径的情况，没有发现穿晶断裂现象，裂纹主要在WC-Co 和 WC-WC 边界处，通过分析试验结果提出了硬质合金裂纹扩展晶间断裂理论；Sigl 等进行穿过黏结相 Co、沿着 WC-Co 界面、沿着 WC-WC 界面和贯穿WC 晶粒这四种类型 WC-Co 硬质合金的裂纹扩展路径的研究，研究结果表明：当裂纹分布在 WC-Co 界面上，那么裂纹扩展会沿着离 WC-Co 界面很近并且平行于该界面的黏结相 Co 内，同时沿着 WC-Co 界面扩展路径比贯穿黏结相 Co 路径具有更小的韧窝结构[12]。由于裂纹扩展的随机性与复杂性，目前在研究硬质合金失效方面主要是在试验的基础上，与有限元仿真结果作对比，得出相应结论。以现有的试验仪器设备很难对其进行更深层次的研究。随着计算机技术的不断发展，有限元仿真技术为微观领域的探索开辟了一条新道路。因此，从微观的角度去探寻刀具宏观性能引起破损失效现象，可以为后续探寻刀具黏结破损的本质原因开辟道路。

6.3.1 无预制裂纹黏焊层的裂纹扩展

利用本章建立的仿真模型在 ABAQUS 中利用显示求解器进行分析计算。不同方式载荷作用下的模型裂纹扩展路径，如图 6-21 和图 6-22 所示。图 6-21 是在硬质合金刀具前刀面施加切向位移载荷模拟刀具在摩擦载荷作用下的裂纹扩展情况，而图 6-22 是在前刀面上施加拉伸位移载荷以模拟刀具在拉伸作用下裂纹的扩展情况。同时这两种模拟仿真施加的应力载荷单位均为 103GPa。根据格里菲斯裂纹扩展理论[13]，材料内部缺陷区域和强度薄弱区域为裂纹的开裂区，并沿着能量耗散最快的方向扩展。

如图 6-21 和图 6-22 所示，裂纹开裂起始位置是在材料内部中结合强度较弱的 WC-Co 晶界处，随着开裂过程中的能量耗散，在沿两相界面方向，裂纹开始扩展，裂纹面与载荷施加方向垂直，基本符合其他相关学者的试验结果；由于仿真过程中局部网格存在挤压作用，裂纹扩展越大，其最大应力值也就越大。在模型未开裂之前，黏焊层表面应力加载不均匀，同时材料黏结相中的应力值较低，但是一旦发生开裂，模型大部分区域应力分布趋于均匀，除了部分网格因过度变形导致的应力值最大。

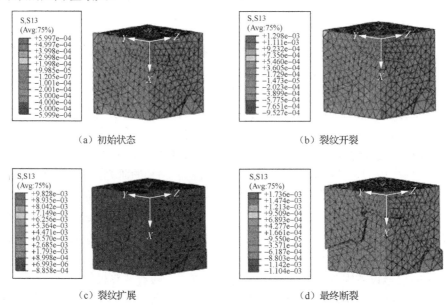

（a）初始状态　　　　　　　　　　　　　（b）裂纹开裂

（c）裂纹扩展　　　　　　　　　　　　　（d）最终断裂

图 6-21　切向位移作用下的裂纹扩展

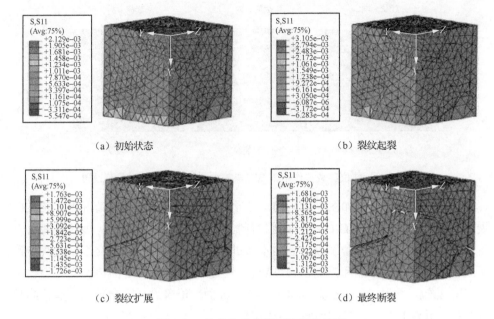

（a）初始状态　　　　　　　　　　　　　　（b）裂纹起裂

（c）裂纹扩展　　　　　　　　　　　　　　（d）最终断裂

图 6-22　拉伸位移作用下的裂纹扩展

6.3.2　预制裂纹黏焊层的裂纹扩展

硬质合金刀具在切削过程中高温高压耦合的条件下，前刀面容易产生裂纹。当刀具受强烈机械力冲击作用下，前刀面表层 WC 晶粒会产生的裂纹；当刀具受热应力作用，前刀面表层中 WC-Co 结合面会产生裂纹。由于在切削过程中，前刀面裂纹扩展是一个随机的过程，因此为了更深入地探究前刀面裂纹扩展过程，在有限元仿真模型中的不同位置中引入不同类型和数目的裂纹，观察其裂纹扩展情况。

1. 单裂纹

1）WC 晶粒内

（1）裂纹的位置、角度以及单向拉伸位移载荷，如图 6-23 所示。设置的裂纹长度约为 WC 晶粒平均尺寸的一半，并将其以三种不同的方向置于 WC 晶粒内：第一种是裂纹面与前刀面角度为 0°（简称 0°裂纹）；第二种是裂纹面与前刀面角度为 45°（简称 45°裂纹）；第三种是裂纹面与前刀面角度为 90°（简称 90°裂纹）。

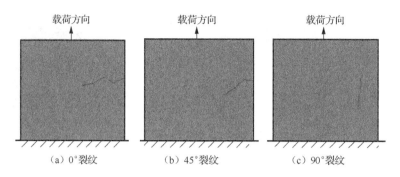

（a）0°裂纹　　　　　　（b）45°裂纹　　　　　　（c）90°裂纹

图 6-23　拉伸位移载荷作用下 WC 晶粒内裂纹角度及模型载荷设置

　　三种裂纹扩展结果如图 6-24 所示，在预制角度为 0°和 45°的情况下，裂纹扩展情况基本相似。在 WC-Co 界面处和预制裂纹位置，裂纹开始扩展，扩展第一阶段为多裂纹状态，随着裂纹扩展的不断进行，裂纹尖端处相互交汇，最终导致断裂，裂纹形式是穿晶和沿晶混合型断裂；当预制角度为 90°的情况下，裂纹避开 WC 晶粒，穿过 WC-Co 界面和 WC-WC 界面，沿着这一方向裂纹扩展。此时预制裂纹并没有对裂纹扩展路径造成影响。

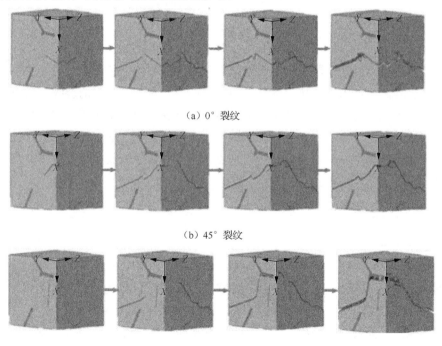

（a）0°裂纹

（b）45°裂纹

（c）90°裂纹

图 6-24　拉伸位移载荷作用下裂纹扩展

（2）有裂纹模型施加切向位移载荷如图 6-25 所示。仿真如图 6-26 所示，结果表明：同样裂纹扩展路径受 0°裂纹和 45°裂纹影响较大，而对于 90°裂纹，裂纹扩展路径基本不受影响。

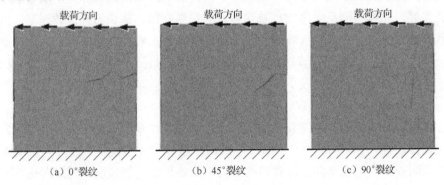

（a）0°裂纹　　　　　（b）45°裂纹　　　　　（c）90°裂纹

图 6-25　切向位移载荷作用下 WC 晶粒内裂纹角度及模型载荷设置

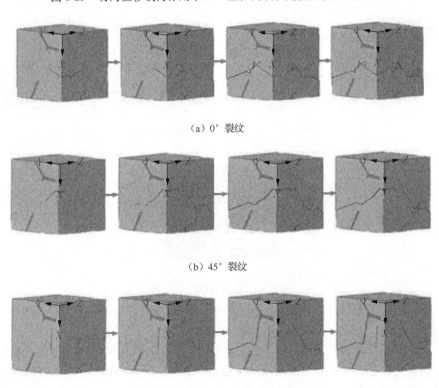

（a）0° 裂纹

（b）45° 裂纹

（c）90° 裂纹

图 6-26　切向位移载荷作用下裂纹扩展

分别对比图 6-21 和图 6-26 以及图 6-22 和图 6-24 可知，黏焊层内部 WC 晶粒产生裂纹，随着切削过程中刀-屑接触区处切削力的不断拉扯，导致黏焊层剥离出刀具前刀面。裂纹起始的方向一定程度上决定裂纹扩展的路径方向，随着裂纹的不断扩展，黏焊层剥离面增大，导致刀具的黏结破损，加快刀具失效速率，降低刀具的使用寿命。仿真结果表明，对于 WC 晶粒内三种初始裂纹形式，初始裂纹面与前刀面成 0°或 45°时，对裂纹扩展路径影响较大，当初始裂纹与前刀面成 90°时，对裂纹扩展路径影响较小。

2）裂纹在 WC-Co 和 WC-WC 界面

在模型中施加单向拉伸载荷，仿真结果如图 6-27 所示。由仿真结果可以发现裂纹位置设置在 WC-Co 和 WC-WC 界面时，裂纹扩展主要是沿晶方向。图 6-28 是无预制裂纹模型在单向拉深载荷的作用下原始裂纹扩展情况。通过对比两图可以看出，晶粒中存在的微裂纹会对初始裂纹扩展路径造成影响。

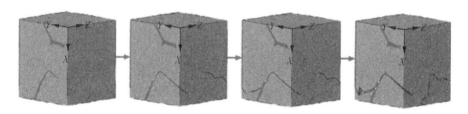

图 6-27　预制裂纹下的裂纹扩展路径

图 6-28　原始裂纹扩展路径

2. 多裂纹

由于裂纹扩展是一个随机的过程，因此为了更加深入地对硬质合金裂纹扩展进行研究，在模型中同时预制多条与前刀面成不同角度的裂纹，角度分别为 0°、45°和 90°，并施加单向拉伸位移载荷，观察黏焊层剥离情况，如图 6-29 所示。

结合以上仿真结果进行分析得出，在预制多裂纹之后，硬质合金裂纹扩展过程中存在单裂纹自扩展和多裂纹之间尖端桥接两种现象。通过观察模型断裂面可知，裂纹预制角度设置为 90°，并不会影响裂纹扩展路径，依然是沿 WC-Co 和 WC-WC 边界扩展，不会穿过 WC 晶粒。同时在材料内部中，局部晶粒会产生钉扎点导致裂纹尖端相互交汇，并避开结合强度高的位置，最终导致断裂，黏焊层剥离。

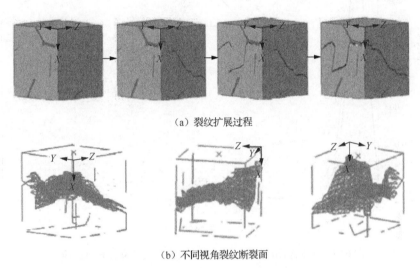

(a) 裂纹扩展过程

(b) 不同视角裂纹断裂面

图 6-29　多裂纹仿真结果

6.3.3　裂纹对拉伸强度的影响

在模型中预制不同角度的裂纹，进行拉伸强度分析，如图 6-30 所示。由仿真结果图可知，不管是哪种裂纹的模型，其达到最大拉伸载荷为同一位置，由于模型较小，拉伸载荷值相差不大。为了进一步分析不同形式裂纹对拉伸强度的影响，将最大拉伸载荷位置做局部放大处理。通过分析图 6-30 可以发现，在预制裂纹为单裂纹的情况下，硬质合金的拉伸强度并不会受到影响。当裂纹位置在 WC 晶粒和基体连接处时，由于在该处两者之间的结合力较小，裂纹易扩展导致拉伸强度降低；当裂纹位置设置在晶粒内部时，由于晶粒内部结合强度较高，裂纹扩展需要的能量较高，同时局部晶粒之间会产生钉扎点导致在该处的拉伸强度增强，最大拉伸载荷增大。预制裂纹角度的不同导致内部晶粒受到的拉伸和剪切强度不同，从而使硬质合金的拉伸强度有一定的差异性。一般情况下，在 WC 晶粒内部不会出现裂纹，因此对硬质合金的拉伸强度不会造成太大的影响。在预制多裂纹时，裂纹沿 WC-Co 和 WC-WC 边界进行扩展，随着该处裂纹的增多，硬质合金拉伸强度降低发生断裂。

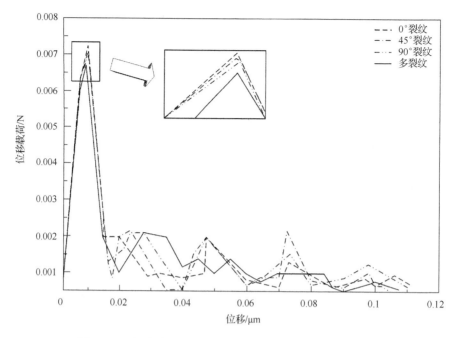

图 6-30　不同初始裂纹拉伸对应的载荷下模型位移载荷曲线

6.4　本　章　小　结

　　本章应用体视学原理,确定了 Co、WC 相的体积分数,分别计算了 WC、TiC 的平均晶粒尺寸、形状因子以及晶粒邻接度的微观结构参数,并通过 Voronoi 多面体来描述所生成的 WC 晶粒,结合 MATLAB 软件的 MPT 工具箱,完成了 WC 晶粒模型的建立。基于所建立的 WC 晶粒模型,在晶粒之间插入黏结相 Co,通过 ABAQUS 软件创建了硬质合金刀具前刀面三维结构模型,结合 Cohesive 单元本构模型、约束条件以及加载方式等,实现了硬质合金刀具前刀面三维结构模型的建立,针对内部无裂纹和不同裂纹形式对裂纹扩散路径的影响以及不同裂纹形式对拉伸强度影响进行模拟仿真研究。主要结论如下。

　　(1)当硬质合金内部存在单裂纹且在 WC 晶粒内的三种不同形式初始裂纹下,当初始裂纹与前刀面角度为 0°或 45°时,裂纹扩展路径受角度影响较大,而当角度为 90°时,裂纹扩展路径受影响较小;当裂纹分布在 WC-Co 和 WC-WC 界面时,初始裂纹主要改变原始裂纹的扩展路径。

　　(2)当硬质合金内部存在多裂纹时,裂纹扩展路径主要沿着原始裂纹、WC-Co 和 WC-WC 边界扩展,局部晶粒会产生钉扎点导致裂纹尖端相互交汇,并避开结合强度高的位置，最终导致断裂，黏焊层剥离。结合第 2 章的试验结果可知，硬质合金破损后晶粒表面较为完整，因此硬质合金刀具前刀面黏焊变质剥离过程发生了沿晶断裂，这与裂纹扩展路径仿真结果相一致。

（3）通过裂纹对硬质合金拉伸强度的影响研究，裂纹会使晶粒内裂纹扩展且裂纹会发生钉扎现象，一定程度上会增大材料的拉伸强度，但由于晶粒间裂纹的增多也会使材料的拉伸强度整体上减小，导致材料更容易发生断裂。

参 考 文 献

[1] 张春国. 高强钢双金属焊接疲劳裂纹扩展机理及组织演化规律研究[D]. 西安: 长安大学, 2013.

[2] 中华人民共和国国家质量监督检验检疫总局.金属平均晶粒度的测定方法(GB/T6394-2017)[S]. 北京: 中国标准出版社, 2003.

[3] 朱骥飞, 张立, 徐涛, 等. 基于 ImageJ 软件的硬质合金显微组织参数化定量分析[J]. 粉末冶金材料科学与工程, 2015, 20(1): 26-31.

[4] 王泽明. WC-Co 硬质合金微观结构建模及性能预测[D]. 济南: 山东大学, 2012.

[5] Gren M. Molecular dynamics simulations of grain boundaries in cemented carbides [D]. Sweden: Chalmers University of Technology, 2013.

[6] Tomar V. Analyses of the role of the second phase SiC particles in microstructure dependent fracture resistance variation of $SiC-Si_3N_4$ nanocomposites[J]. Modelling & Simulation in Materials Science & Engineering, 2008, 16(3): 0-17.

[7] Xu X P, Needleman A. Numerical simulations of fast crack growth in brittle solids[J]. Journal of the Mechanics and Physics of Solids, 1994, 42(9): 1397-1434.

[8] MatWeb. Engineering materials database business [EB/OL]. [2020-8-9] https://www.matweb. com/index.aspx.

[9] 李健男, 郑敏利, 陈金国, 等. 基于多目标优化的硬质合金刀具前刀面粘结破损试验研究[J]. 工具技术, 2019, 53(1): 15-19.

[10] Zheng M L, Chen J G, Li Z, et al. Experimental study on elements diffusion of carbide tool rake face in turning stainless steel[J]. Journal of Advanced Mechanical Design, Systems, and Manufacturing, 2018, 4(12): 1-12.

[11] Gurland J. The fracture strength of sintered tungsten carbide-cobalt alloys in relation to composition and particle spacing[J]. Trans TMS-AIME, 1963, 227: 1146-1152.

[12] 《国外硬质合金》编写组. 国外硬质合金[M]. 北京: 冶金工业出版社, 1976.

[13] Griffith A A. The phenomena of rupture and flow in solids[J]. Philosophical Transactions of the Royal Society of London, 1921, 221(4): 163-198.

第7章 硬质合金刀具黏结破损的机理与预报

本章以硬质合金刀具与亲铁元素的扩散特性为出发点，以铁、铬、镍三种亲铁元素为主要研究对象，研究元素扩散特性，获得扩散元素浓度曲线变化规律，揭示刀-屑黏焊识别与形成机制，阐明黏结破损机理。最后对黏结破损量进行预报，并通过黏结破损深度检测进行验证。

7.1 硬质合金刀具刀-屑黏焊的机理

7.1.1 刀-屑黏焊宏观过程研究

刀-屑发生黏焊并不是一个突变现象，其出现具有必然性和偶然性。特别是连续切削过程中，切削温度一直平缓上升，但是切削力相对平缓，如图 7-1 所示。

切削过程中的切削力和切削温度的上升、亲铁元素向刀具扩散程度的增加等因素都为刀-屑的黏焊积累了条件。刀-屑黏焊发生的偶然性在于刀-屑黏焊发生的程度具有不确定性，如图 7-2 所示。图中刀具切削参数均为：切削速度 80m/min，进给量 0.2mm/r，切削深度 2mm，其中刀具 a 的切削距离为 110mm，刀具 b、c 切削距离均为 200mm[1]。从图中可以看出刀具 b 的黏焊现象明显。

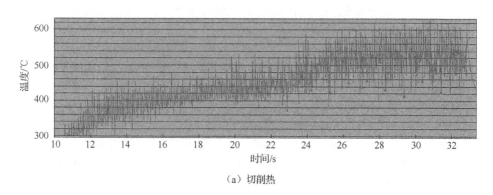

（a）切削热

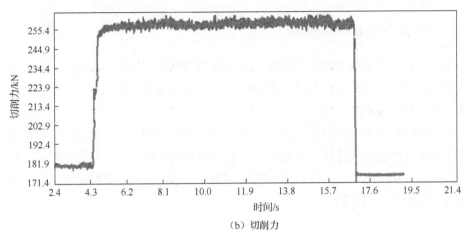

（b）切削力

图 7-1　切削过程中力热变化曲线

　　图 7-2 中的刀具均出现了黏焊现象，但有的刀具表面黏结物少，有的多，有的甚至破损了。刀-屑发生黏焊的程度虽然具有偶然性，但其规律可从切削温度入手。通过对切削试验中破损刀具的形貌及切削过程中切削力和切削温度进行分析，发现刀具发生黏焊的温度范围是 550～800℃，刀具发生黏结破损的温度范围是 800℃以上，如图 7-3 所示。

（a）切削长度 110mm　　　　　（b）切削长度 200mm　　　　　（c）切削长度 200mm

图 7-2　刀具黏焊情况对比

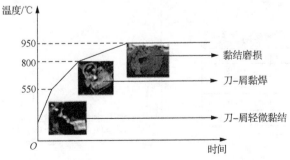

图 7-3　随时间变化的刀具黏焊和黏结破损发生过程

7.1.2 刀-屑黏焊的微观形貌

硬质合金刀具表面微观形貌及其主要元素的质量分数如图 7-4 所示。由于硬质合金刀具材料制备过程为烧结，难以保证其初始表面微观形貌平整，形成如同沙堆一样的颗粒堆叠状表面。

在切削过程中当切屑流过刀具前刀面时，在刀-屑黏结区，工件与刀具中的元素在热力耦合作用下发生相互扩散。对未发生黏焊的切削刀具进行元素扫描，如图 7-5 所示，可以看到在刀具前刀面已经扫描到铁元素，说明未发生黏焊之前刀-屑间就已经发生了元素扩散。

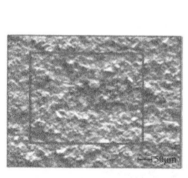

（a）

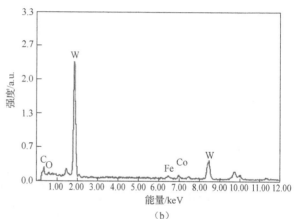

（b）

元素	质量分数/%	原子百分数/%
C	17.49	67.36
O	3.55	10.28
Fe	2.13	1.77
Co	2.36	1.86
W	74.46	18.74

（c）

（d）

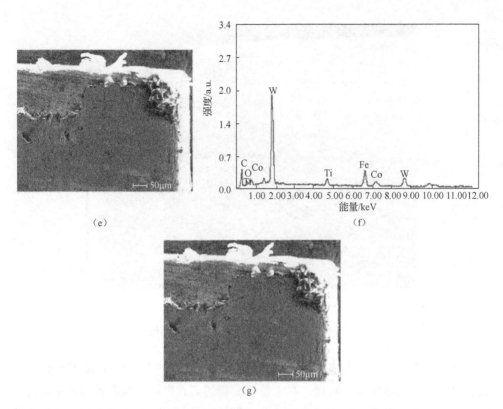

(e) (f)

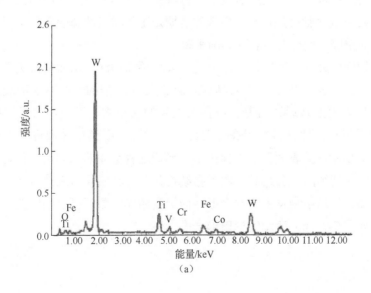

(g)

图 7-4　硬质合金刀具表面微观形貌及其主要元素的质量分数

(a)

(b)

图 7-5 未发生黏焊现象的刀具元素扫描

　　切屑与刀具表面的摩擦使得刀具表面的微观形貌发生如图 7-6 中的变化。通过元素扩散扫描结果可以看到，在未发生黏焊的刀具表面，既含有刀具基体的组织成分，也含有工件的组织成分。从其表面微观形貌图可以看到刀具表面覆盖了一层极薄的工件材料，且透过这层工件材料还能看到覆盖层下面的硬质相颗粒。所以在此认为，切削过程中刀-屑黏焊的前期是工件材料填补硬质合金刀具表面硬质相颗粒间空隙，使得刀具表面逐渐平整。

　　随着切削的进行，工件材料黏附的效果将逐渐加深，从而使得工件材料完全覆盖刀具表面。图 7-7（a）为刀具后刀面放大 500 倍的表面微观形貌，在图中可以看到后刀面上靠近切削刃区域存在大片的黏结物，而距离刀具切削刃比较远区域则零星有工件材料黏附在后刀面上。对图片中黑色区域进一步放大，如图 7-7（b）所示，其表面形貌为梯田形。形成这种形貌的原因是工件材料黏结在刀具上并不是连续的，黏结后，由于黏结物代替刀具表面与工件摩擦，使得黏结在刀具表面上的黏结物发生塑性变形，由于黏结先后顺序以及塑性变形量的不同就会出现如图 7-7（b）所示的梯田形表面。

(a)

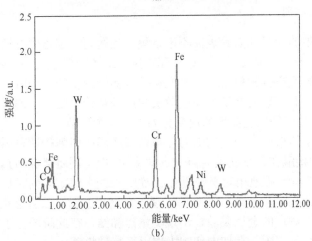

(b)

元素	质量分数/%	原子百分数/%
C	9.52	34.11
O	3.64	9.79
Cr	12.43	10.28
Fe	48.04	37.00
Ni	5.31	3.89
W	21.05	4.93

(c)

图 7-6　刀具表面黏结微观形貌及元素质量分数

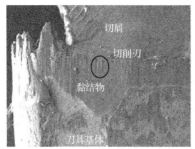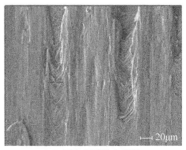

（a）黏焊刀具后刀面形貌　　　　　　（b）黑色区域放大形貌

图 7-7　刀具后刀面微观形貌

7.1.3　刀-屑黏焊的识别及黏焊层厚度预报模型

1. 黏焊的识别

工件材料中的元素在刀具表面不断富集，当达到一定程度时切屑就会与刀具发生黏焊现象，进而形成黏焊层。根据菲克第二扩散定律中的半无限大扩散行为，将扩散元素的浓度在异种材料中达到元素扩散初始浓度的一半时，认定为刀具发生黏焊的条件，而扩散元素浓度在扩散层中达到初始浓度一半的区域划定为黏焊层[2]。对刀-屑与刀具发生黏焊的现象分为以下 3 个环节。

（1）点黏结的形成。刀具的前刀面与切屑底部在切削初期表面的粗糙形状，使得刀-屑间的接触在切削初期为点与点的接触。由于硬质合金刀具与工件材料间硬度差异，工件材料质地相对于硬质合金刀具来说较"软"，同时加工过程中刀具接触区的力、热值相对较高，刀-屑间出现咬合磨损甚至是胶合磨损。这种磨损造成接触面发生点对点的金属黏着，出现少量点黏结，在此阶段由于各个黏结点黏结面积小，黏结不牢固，在切向切削力作用下容易脱离。

（2）点黏结区域的扩大。由于点黏结脱离时，在刀具表面黏结点附近的工件材料由于接触面上的摩擦作用而逐渐变大变薄；同时由于刀-屑间的法向切削力作用，新的点黏结在原来发生点黏结附近不断出现，即点黏结的生长，使得点黏结区域不断扩大。

（3）面黏结的形成。点黏结的区域扩大使得在接触面上点黏结的数量增多，各点黏结的区域逐渐连接在一起，形成面黏结。随着黏结区域的逐渐稳定和牢固，在刀具表面就形成了一层黏结物，在摩擦力作用下，黏结物表面变得平整，代替刀具基体与工件材料进行摩擦。

第（1）环节的出现使得刀具与切屑两种材料间建立了初期的扩散偶形式，获得了很好的扩散条件。如果咬合磨损处没有出现黏着点被剪切破坏，随着元素的扩散及黏结区域的扩大，相互接触的刀具和切屑两种材料的扩散连接头处，抗剪切强度将会不断增加，使得黏着处形成了牢固的刀-屑黏焊现象，这就是刀-屑黏焊在高温切削过程中的形成。所以黏焊形成的重要标志在于两材料间的元素扩散能否在黏着处被破坏之前，扩散连接头的抗剪切强度能否达到牢固黏焊的标准。黏焊现象发生的难易程度及发生速率的影响因素较多，除了取决于两种材料的抗剪切强度差及表面质量外，主要还是受相互接触扩散的两种材料间的元素扩散特性及扩散条件的影响。

在切屑流过刀具表面时，切屑材料中的元素不断扩散至刀具基体。根据间隙扩散及置换扩散的条件可知，虽然高强度钢材料中的主要金属元素铁、铬、镍等的原子半径都比硬质合金刀具中的钨元素小，但是都没有达到能够与钨元素发生间隙扩散的程度，也没有达到与钨元素发生置换扩散的原子半径大小，所以工件材料中的亲铁元素向硬质合金中的扩散不是发生在硬质合金刀具的 WC 硬质相中。这一观点可由对扩散表面中的 WC 晶粒进行元素扫描后的结果验证，扫描结果证明在 WC 晶粒上的元素中基本没有亲铁元素的出现，如图 7-8 所示。由于扫描探针对元素浓度的分辨率为 1%，所以即使有铁元素扩散至硬质相中，浓度也是很少的。

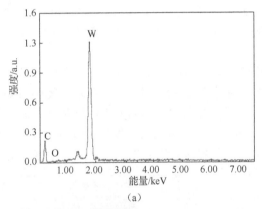

(a)

(b)

元素	质量分数/%	原子百分数/%
C	28.68	84.79
O	0.41	0.91
W	69.62	13.45

(c)

图 7-8 扩散表面 WC 晶粒元素分析

硬质合金刀具主要是由硬质相和黏结相组成，而黏结相中的钴元素与工件材料中的铁元素在一定条件下具有可以无限固的特性，因此可判断刀-屑亲和元素的扩散主要是发生在黏结相中。据此判定工件中的亲铁元素向硬质合金刀具黏结相中扩散才会对刀-屑黏焊起到决定作用，即刀-屑间发生的黏焊，主要是工件材料中亲铁元素扩散造成的切屑与硬质合金刀具中黏结相的黏焊。

2. 黏焊层厚度预报模型

要形成比较牢固的刀-屑黏焊，元素扩散必须达到一定的深度才能使得黏焊层牢固地附着在刀具前刀面而不被剥落。根据硬质合金材料特性可知，当黏焊层厚度超过了硬质相晶粒直径的一半后，硬质相晶粒对黏焊层的抗剪切力和强度有提升作用。根据扫描的刀具微观形貌图片可知，硬质合金晶粒的大小在 1～2μm，所以在此假定黏焊层厚度为 0.5μm 时，刀具前刀面将出现牢固的黏焊现象。

通过对高强度钢切削试验中发生黏焊的刀具上刀-屑界面的扫描可以看到扩散元素主要以铁元素为主，如图 7-9 所示。通过上节中对扩散元素的扩散系数的计算可知，铁元素的扩散系数是扩散元素中最大的，即铁元素的扩散是对材料性能影响最大的因素。所以将铁元素作为高强度钢切削过程中元素扩散对刀-屑黏焊影响的标尺。由于元素扩散特性主要是与初始浓度和温度有关，根据所获得的铁元素扩散时的浓度公式，带入高强度钢中铁元素的初始浓度，就能得到高强度钢材料的元素浓度。

根据高强度钢中铁元素扩散时的浓度变化，建立扩散距离 0.5μm、扩散温度为 800℃时与扩散时间的对照关系，如图 7-10 所示。图中可知，当铁元素扩散后的浓度达到初始浓度一半（即发生黏焊的元素浓度条件）时，对应的扩散时间为25～30s。这与切削试验过程中发现的刀具发生黏焊时间在 25s 左右的时间相差不大，验证了刀具发生黏焊现象时对铁元素扩散导致的浓度值的推论。

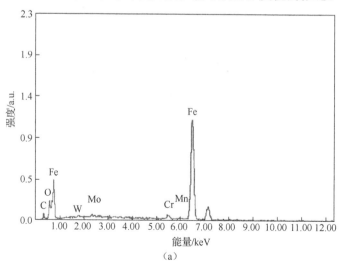

（a）

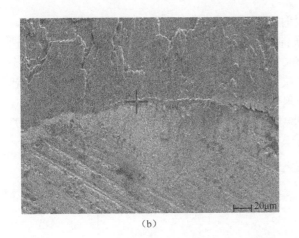

元素	质量分数%	原子百分数%
C	7.43	24.17
O	6.96	16.99
W	1.41	0.30
Mo	1.49	0.61
Cr	2.22	1.67
Mn	0.68	0.48
Fe	79.79	55.78

（b）　　　　　　　　　　　　　　　　（c）

图 7-9　切削高强度钢刀具黏焊层元素浓度

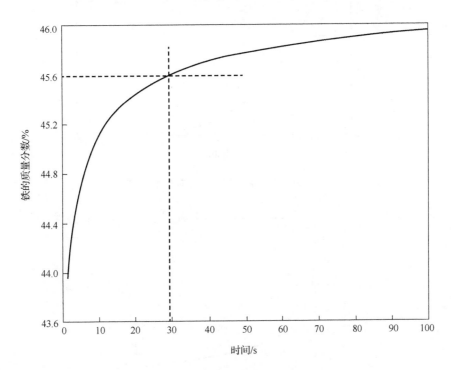

图 7-10　高强度钢中铁元素扩散浓度曲线图

　　结合硬质合金中 WC 晶粒大小的差异，推断出硬质合金刀具发生刀-屑黏焊的判别标准为：工件材料中亲铁元素向刀具材料中扩散的深度达到 0.5～1μm 且浓度为初始浓度一半。

　　根据发生黏焊的条件，以铁元素的扩散为例，结合前文的元素扩散浓度曲线,得到硬质合金切削筒节材料时刀具黏焊层厚度的预报模型如图 7-11 所示。从图 7-11 中可知,在达到黏焊条件后,随着温度的上升,黏焊层的厚度增加的速度加快。如在扩散温度达到 1300K 后,基本在 10s 时间内,黏焊层就能达到一个大于 0.5μm 的厚度。给出的黏焊层厚度的预报模型是在未发生黏结破损的理想状态下出现的,而刀具发生黏焊现象后,很快就会发生黏结破损,同时为了更直观地给出刀具的黏结现象与时间和温度的关系,建立了扩散层厚度为 0.5μm 时的刀具黏焊预报模型,如图 7-12 所示。

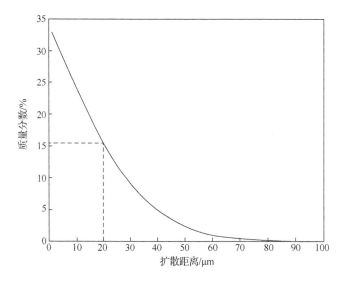

图 7-11　黏焊层厚度预报模型

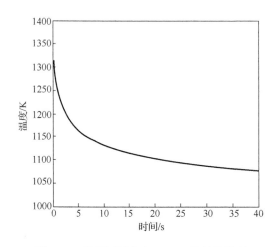

图 7-12　黏焊层厚度为 0.5μm 的预报模型

7.2　硬质合金刀具黏结破损的机理

7.2.1　黏结破损过程

为了对硬质合金刀具切削高强度钢时刀具发生黏结破损的过程进行更全面直接的观察,在切削过程中采用高速摄影机记录刀具发生黏焊到黏结破损的全过程,如图 7-13 所示。高速摄影是采用"快摄慢放"的原理将快速变化的运动过程慢放到人眼视觉可分辨的程度。

在车床上进行试验的过程中,为了能更清楚地看清车削过程中刀具的切入、切出过程,在被加工棒料中间铣削了一个 16mm×18mm 的断槽,使得切削过程中出现切入切出的断续切削状态。拍摄频率为 1000fps($1fps=3.048×10^{-1}m/s$),切削参数设定为 v=80mm/min、f=0.25mm/min、a_p=2mm。

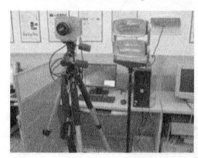

图 7-13　高速摄影机及拍摄现场

按切削时间依次截取高速摄影机拍摄的硬质合金刀具断续车削时刀具切入、切出过程中刀-屑黏焊直至黏结破损的连续过程,如图 7-14 和图 7-15 所示。

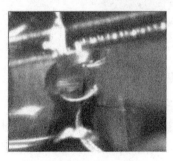

(a) 1054fps　　　　　　　　　　　　　(b) 1056fps

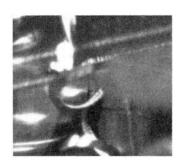

（c）1058fps

图 7-14　切入时刀-屑黏焊的过程图

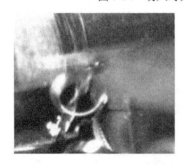

（a）1073fps

（b）1075fps

（c）1077fps

图 7-15　切出时刀-屑黏焊至破损的过程图

从高速摄影机截取的照片可以看出：在刀具的前刀面，切入前已经黏附有一个切屑，在切入过程中该切屑被剪切掉而被新的切屑所代替，而在切出时又黏附新的切屑，这表明刀具在断续切削的一个周期中发生了两次黏结破损，也证明了在切削温度达到相当高值时，刀具发生黏焊的时间非常短，新的黏焊层代替刀具表面进行切削，在断续切削的切入切出瞬间，引起了刀具的黏结破损，这从宏观上揭示了刀具黏结破损的过程。

已有研究已经证实了硬质合金刀具与切屑之间发生黏结破损的条件和因素是复杂的，包括晶体结构、材料硬度、弹性模量以及加工硬化现象等，但在较高的切削温度下发生的金属材料间的相互作用引起的元素扩散和刀具表面的黏焊是影响黏结破损的关键因素。根据对黏结破损刀具的微观形貌的分析，将黏结破损的过程分为四个阶段。

（1）黏结阶段。

（2）元素扩散导致黏焊发生阶段。

（3）裂纹的萌生与扩展阶段。

（4）刀具表面撕裂、黏结破损发生阶段[3]。

由于连续切削时，切削温度不会出现大幅度的变化，因此刀-屑接触界面的温度始终保持在较高的范围内，使得（2）、（3）、（4）三个阶段反复进行，使刀具最终出现丘陵状的凹凸表面，导致刀具的破损。黏结破损的发生过程如图 7-16 所示。

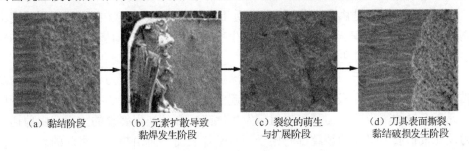

（a）黏结阶段　　　（b）元素扩散导致　　　（c）裂纹的萌生　　　（d）刀具表面撕裂、
　　　　　　　　　　　　黏焊发生阶段　　　　　与扩展阶段　　　　　　黏结破损发生阶段

图 7-16　刀具黏结破损形成过程

刀具材料与工件材料的黏焊会使得两种材料紧密结合为一体，如图 7-17 为黏结破损刀具切削刃附近的微观形貌，突起部分为黏附在刀具表面的黏结物，黏结物紧密结实地黏结在刀具表面上，并且被硬质合金晶粒包围，说明黏附在刀具表面的工件材料和刀具材料已经发生了黏焊而形成一体，并在撕裂阶段带着硬质合金晶粒一起被剥落，发生刀具表面的黏结破损。

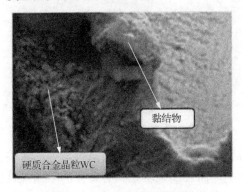

图 7-17　切削刃附近的破损形貌

硬质合金刀具中黏结相 Co 在切屑过程中向工件材料中扩散及切削过程刀具表面的磨损，使得刀具表面的黏结相减少，导致刀具中的硬质合金晶粒 WC 暴露出来。切屑不断地在刀具表面上黏结、摩擦和连续流动，造成了硬质合金晶粒 WC 的脱落，并被切屑带走。硬质相脱落后，再次暴露出黏结相，使得上述的破损过程又反复进行，最终导致刀具的失效。

7.2.2 黏结破损的影响因素

由硬质合金材料高温损伤过程分析可知，不同温度的断口形貌不同，这是因为产生了不同的裂纹，进而也导致了材料屈服强度和极限强度的变化；刀具在载荷作用下，由于循环应力和应变作用也会产生局部损伤[4]，以下是黏结破损分析。

1. 裂纹的扩展及失控

硬质合金刀具是由黏结相 Co 和硬质相 WC 组成的，黏结相 Co 的屈服强度不高，高温情况下，在应力作用下容易发生变形，而导致在刀具表面沿着黏结相和硬质相接触的界面产生裂纹[5]。

切削过程中由于刀具与切屑的滑动摩擦所带来的剪切应力、刀具受热不均及黏结相与硬质相热膨胀系数的差异而引起的热应力、钴元素的扩散导致刀具表层钴元素含量的减少使得刀具表层组织发生缺陷，都是产生裂纹的因素。由剪切应力及元素扩散所引发的裂纹都起始于刀具基体表面，而由热应力引起的裂纹，特别是黏焊发生后，其裂纹主要出现在硬质合金上，然后扩展到黏焊的工件材料上，如图 7-18 所示。

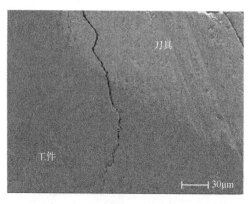

图 7-18 刀-屑黏焊引起的刀具表面裂纹

这是由于热应力引起的裂纹主要受材料抗拉强度的影响。硬质合金相对于高强度钢材料抗拉强度小，而且高强度钢具有良好的耐高温性能，在切削温度作用下引起的热变形比硬质合金材料要小。所以刀具发生黏结破损中裂纹影响的研究重点是切削过程中硬质合金刀具表面裂纹的扩展及失控[6]。

裂纹的产生具有随机性，很难避免裂纹的存在。但是裂纹产生后，并不会马上发生材料的断裂并引起破损[7]。裂纹出现后其扩展及失控具有一定的规律性，裂纹需要达到一定的长度后，材料才会出现破损断裂的现象，而 YG 类硬质合金的裂纹安全长度公式如下[8]：

$$
\begin{cases}
a_c \geqslant 0.25 \times \left(\dfrac{K_{IC}}{\sigma_c} \right)^2 \\
K_{IC} = 187.9 + 18.69 \lg \left(\dfrac{1.791 X_{Co}}{1 - 1.087 X_{Co}} L_{WC} \right) - 163.9 X_{Co} - 2674 X_C
\end{cases}
\qquad (7\text{-}1)
$$

式中，a_c 为裂纹最大安全长度；K_{IC} 为材料的断裂韧性；X_{Co} 为钴元素的质量分数；L_{WC} 为硬质相晶粒直径；X_C 为碳元素的质量分数；σ_c 为材料工作应力。

硬质合金刀具中钴元素含量（质量分数）为 8%，含碳量（质量分数）为 0.05%，根据电镜扫描结果设定 WC 硬质相晶粒直径为 1μm，根据仿真获得的工作压应力为 2Gpa，带入式（7-1）中，计算可得裂纹极限长度为 42.5～170μm。通过式（7-1）可知裂纹安全长度影响最大的是工作应力，裂纹的扩展方向是沿等效应力面扩展的。

从上面的公式可以看出，在切削过程中由于元素扩散引起的刀具表面扩散元素浓度的变化而引起的硬质合金材料断裂韧性改变将直接影响到裂纹的扩展及失控，最终造成刀具的黏结破损。

2. 切削温度和切削力

切削过程中产生的切削力和切削热是引起硬质合金刀具发生黏结破损的重要影响因素。前面的分析也证明了切削温度是刀具发生刀-屑黏焊的最大影响因素，而硬质合金材料中裂纹的产生也与切削温度有很大的关系。特别是在切削温度发生较大变化时，会使得刀具表面裂纹的扩展加速。根据裂纹的微观形貌可知，在切削过程中，裂纹的扩展方向并不是垂直于刀-屑的接触表面，而是沿等应力面扩展的。刀具在切屑过程中的应力梯度既来源于切削力，也来源于温度梯度，所以切削温度变化较大时，刀具表面等效应力的改变会导致裂纹的扩展趋势加快[9]。

从之前提到的刀具前刀面受力密度函数的分布可知，刀具前刀面的受力主要在刀尖附近，此处的应力最集中。切削温度的最高值出现在距刀尖 0.5～1.8mm 范围内，更接近副切削刃的位置上，刀具的黏焊最容易发生在这个区间内。

可以判定，相同切削条件下切削力大、温度高、温度梯度大的刀具容易发生黏结破损，刀具寿命较短。在刀具前刀面上的应力集中区，温度高、温度梯度大处易发生黏结破损。

7.2.3 亲和元素浓度与黏结破损深度的关系

第 4 章通过对切削过程中刀具发生黏结破损的不同阶段进行模拟,建立了元素扩散试验,对扩散试件的扫描和能谱分析结果进行分析,得出亲铁元素的浓度与温度有直接关系,温度越高,元素浓度越大,而时间对亲铁元素的影响较小;对于高温保持性能较高的钨元素,时间对元素浓度影响大于温度对元素浓度的影响。因此,亲铁元素扩散引起的浓度变化对刀具表面黏焊以及黏结破损具有很大的影响。

1. 刀具黏结破损形貌分析

根据前文研究可知,刀具黏结破损过程中的破损阶段是由于硬质合金基体中裂纹的失控而形成的材料断裂、撕裂引起的。对发生了黏结破损的刀具表面进行电镜扫描,获得刀具黏结破损形貌,对距离刀尖附近位置 1mm 左右的破损区域进行放大,并对该区域进行垂直于刀具基面方向的轮廓扫描,结果如图 7-19 所示。

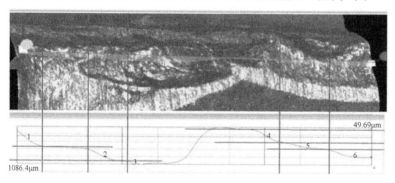

图 7-19　刀具前刀面切削刃附近破损形貌

从图 7-19 中的破损轮廓曲线可以看出这部分的破损可以分为左右两个区域,每个区域各发生了三次的黏结破损,总的破损深度为图中标注的 49.69μm。将破损的轮廓曲线作为裂纹的扩展方向,则每次破损发生时裂纹长度的最大值基本都在 40~100μm,每次破损的深度在 10~20μm。

由刀具前刀面切削温度的分布可知,左边破损区的切削温度要高于右边破损区域的温度,而右侧的温度梯度却大于左侧的温度梯度。由于温度差及材料热膨胀系数不同,导致了右侧破损区的热应力大于左侧破损区,使得右侧发生的 4、5、6 这三次的破损裂纹扩展方向与前刀面基面的角度变小。

左右两侧的破损区中,第一次发生的黏结破损深度最大,而在之后发生的黏结破损深度将逐渐减小。这是因为切削过程中切削温度是逐渐增大的,随着温度的增大，热应力也会随之增大，使得裂纹的安全长度值变小，引起裂纹的失控而导致黏结破损的发生。同时每次破损后由于破损深度并未超过扩散层厚度，即在破损发生时，破损表面已经有一定浓度的刀-屑亲和元素，这会使得下一次黏结破损发生时间缩短。

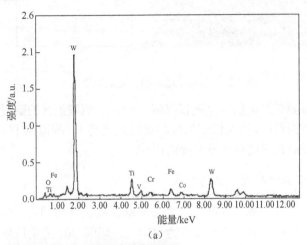

(a)

(b)

元素	质量分数/%	原子百分数/%
O	2.88	18.62
Ti	6.72	14.50
V	1.43	2.91
Cr	2.05	4.07
Fr	5.62	10.40
Co	3.20	5.61
W	78.09	43.89

(c)

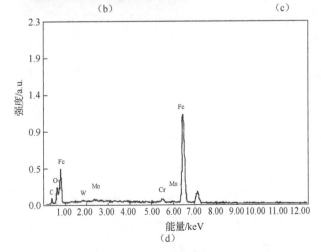

(d)

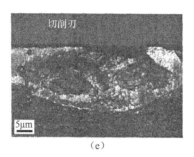

元素	质量分数/%	原子百分数/%
C	7.43	24.17
O	6.96	16.99
W	1.41	0.30
Mo	1.49	0.61
Cr	2.22	1.67
Mn	0.68	0.48
Fe	79.79	55.78

（e）　　　　　　　　　　　　　（f）

图 7-20　刀具黏结破损区元素扫描

从刀具左右两侧破损区的黏结破损深度可知，左侧破损区的破损深度大于右侧破损区的整体破损深度，而左侧破损区的切削温度高于右侧破损区的切削温度，可见，切削温度对破损深度有十分重要的影响。

2. 切削温度对黏结破损深度的影响

现假定以平均时间来算，即破损表面每条破损线出现时间为 20s，同时以铁元素的扩散为研究目标，其在切削温度为 850℃，切削 20s 后的质量分数变化曲线如图 7-21 所示。

按照黏结破损的深度在 20μm 来计算，在距离扩散界面 20μm 的刀具基体中铁元素的浓度已经超过了 15%，也就是说第一次黏结破损发生后，裸露出来的表面已经存在了一定浓度的铁元素，切屑与刀具将重新出现扩散、黏焊直至破损，并且新一次黏结破损的速度将快于上一次[10]。

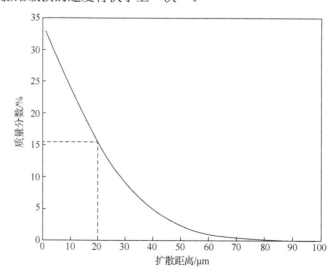

图 7-21　铁元素质量分数变化曲线

同时随着切削温度的升高，由裂纹安全长度公式可知，裂纹的最大安全长度将大幅度减小，所以黏焊的提前形成将使得裂纹更快失控，导致下一次破损深度较小。由此我们可得刀-屑接触表面的元素浓度（质量分数）在黏结破损过程中与时间的关系为一条锯齿形曲线如图 7-22。刀-屑接触表面在整个切削过程中的亲和元素浓度（质量分数）将不会为零。

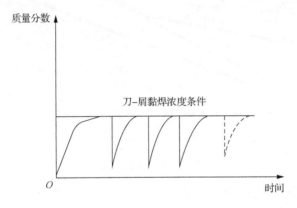

图 7-22　黏结破损过程中刀-屑黏焊表面元素浓度（质量分数）变化示意图

热应力可分为由于宏观热分布、刀具各部分温度不同而产生的应力 σ_{T1} 及由于受热后硬质合金刀具中不同相间材料性质不同而引起局部热应力 σ_{T2}，这两个应力都与温度成正比，其公式如下：

$$\begin{cases} \sigma_{T1} = K\alpha E\Delta T / (1-\gamma) \\ \sigma_{T2} = \Delta\alpha\Delta T\left(\dfrac{1+\gamma_m}{2E_m} + \dfrac{1-\gamma_p}{E_p}\right)^{-1} \end{cases} \quad (7\text{-}2)$$

式中，K 为常数；α 为热膨胀系数；E 为弹性模量；ΔT 为温度差；γ 为泊松系数；$\Delta\alpha$ 为热膨胀系数差；角标 m、p 分别表示刀具基体及 WC 晶粒的相应系数。

如果只考虑应力与温度的变化关系，刀具的破损量应该与温度呈线性关系。但由断裂韧性公式知，元素浓度对裂纹的扩展有着直接的影响，特别是对材料断裂韧性的影响。按照黏结破损试验中对相同切削时间下发生黏结破损的刀具进行破损深度的测量，将破损深度与切削过程中的稳定切削温度建立如图 7-23 中的黏结破损深度曲线。在此温度段内，建立铁元素向硬质合金扩散速率与刀具破损关系曲线，三者对应关系在图 7-23 进行对比分析[11]。

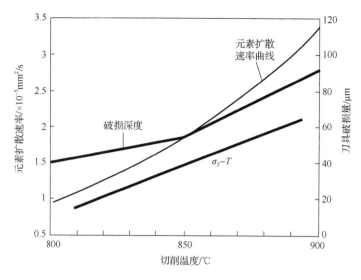

图 7-23　刀具黏结破损深度分析

对图 7-23 中三条曲线的分析可知，切削温度在 800℃附近时，元素扩散速率曲线的斜率是大于破损深度曲线的斜率的。随着温度的增加元素扩散速率曲线的斜率增加相对恒定，而破损深度曲线的斜率增加更快，破损深度曲线斜率向元素扩散速率曲线斜率靠近的趋势。而根据热应力曲线特点我们可知，热应力对破损曲线的影响将是恒定的，即如果限定边界条件只考虑热应力对破损的影响，那么破损曲线的斜率将不会变化。所以我们可知元素扩散速率曲线是破损深度曲线变化的主要影响因素，元素的扩散对刀具的黏结破损深度有着直接的影响，温度越高，其影响越明显。

7.2.4　黏结破损机理分析

硬质合金刀具前刀面黏结破损机理分析如下。

（1）切削过程中的切削力和切削温度的上升、亲铁元素向刀具元素扩散的浓度增加等因素都为刀-屑的黏焊积累了条件，最终导致刀具与切屑发生黏焊现象，进而发生黏结破损。

（2）刀具前刀面应力会导致裂纹的出现以及扩展，进而导致黏结破损发生。

（3）随着扩散进程的继续，出现原子排列顺序混乱和区域撕裂的现象，导致基体之间的结合力变弱，裂纹扩展更加容易进行，进而加剧了黏结破损的发生。

（4）黏结破损是由于其在不断承受循环加载的过程中疲劳损伤的累积，因此前刀面应力大小决定了疲劳现象的发生，进而影响黏结破损。

（5）当切削热达到元素的扩散激活能时，元素活性增强，扩散加剧，也导致了刀-屑黏结破损加剧。

7.3 硬质合金刀具黏结破损的预报

7.3.1 黏结破损预报模型

1. 黏结破损率模型

破损是相对于磨损而言的，从某种意义上讲，破损可认为是一种非正常的磨损。针对黏结破损，作者研究团队认为，单位时间内黏结破损量与应力、相对滑移速度及切削温度有直接相关。在刀具磨损与磨损预报中，早期应用 Archard 模型较多，其模型形式简单，但推导过程中使用假设太多，忽略了许多金属变形的物理特征，且只有两个材料特征参数[12]。Usui 黏结磨损模型中包含的参数可在有限元分析过程较容易获得，随着金属切削有限元技术的发展，是目前使用最广泛地用于预测刀具磨损的重要模型[13]。

两平滑表面的接触发生在高的微凸体上，由于受到应力的作用，在接触处发生塑性变形。假设发生点黏结时的硬质点的凸体是一对半径相同的半球形，下微凸体材料较软，其维氏硬度为 H，该对微凸体所受法向载荷为 δ_p，则

$$\delta_A = \pi a^2 = \frac{\delta_p}{H} \tag{7-3}$$

式中，δ_A 为该对微凸体塑性变形后的接触面积；a 为该接触面的半径。

假设黏结点沿球面破坏，即迁移的磨屑为半球形。于是，当滑动位移为 $2a$ 时的磨损体积为 $\delta_V = \frac{2}{3}\pi a^3$。因此单位接触长度上的磨损体积可写为

$$\delta_W = \delta_V / \delta_L = \frac{2}{3}\pi a^3 \Big/ (2a) = \frac{\pi a^2}{3} = \frac{\delta_A}{3} = \frac{\delta_p}{3H} \tag{7-4}$$

因此对于硬质点接触面上总的黏结破损体积为

$$W = \sum \delta_W = k\frac{\sigma_s L}{3H} \tag{7-5}$$

式中，W 为黏结破损量，mm^3；k 为系数，与两接触材料种类和配合有关；H 为接触面维氏硬度；L 为刀-屑接触长度，mm；σ_s 为接触面积上的正压力，MPa。

将公式进行转换，刀-屑接触长度是时间与速度的乘积，就可以得到所要求的方程式：

$$\frac{\mathrm{d}W}{\mathrm{d}t} = K_1 \sigma_n V_s \exp\left(-K_2/T\right) \tag{7-6}$$

式中，$\mathrm{d}W/\mathrm{d}t$ 是黏结破损率，即单位时间内的破损深度；K_1，K_2 均是材料系数；σ_n 是刀-屑交界面上的法向应力；V_s 是切屑底层材料相对前刀面的滑移速度；T 是刀-屑交界面上的温度分布。

2. 扩散磨损率模型

刀具在发生黏结破损的过程中，元素扩散同时也加剧了破损情况和破损深度，元素扩散在刀具黏结过程中很重要，它会使刀具磨损加快，是一种直接的热激行为。在刀具切削过程中由于高温也使其起到很大的作用，通过对切削后的刀具进行元素扫描可以发现，刀具与工件之间的亲和元素互相扩散。

扩散磨损是在高温区间刀具材料和工件材料相互扩散而造成的刀具磨损。当切削速度较高时，接触区的温度高，大的塑性变形使刀具与工件紧密接触，促进了两者的相互溶解。可以使用 Arrhenius 法则来表达扩散破损率和温度之间的关系。一般将扩散磨损量用以下公式表示：

$$\dot{w}_d = D\exp(-E/RT) \tag{7-7}$$

式中，D 为材料常数，后来研究发现，如果此值为常数，则理论计算值与试验值相差较大，所以一般将其设定为温度的函数，随切削温度的不同而发生变化；E 为扩散过程中的活化能，其值为 75.35kJ/mol；R 为气体常数，其值为 8.314kJ/mol。可以看出，扩散磨损与温度关系极大，温度越高，扩散越快，故在高温下刀具的磨损显著加剧。

虽然对扩散模型的一些参数可以计算得出来，但这样得到的模型会与实际存在很大的偏差，为了在建立模型时减小其误差，考虑到温度对扩散破损模型的敏感性，本节使用系数 k_4 来代替 Arrhenius 法则中的 E/R。通过数据对其求解，得到更符合的预报模型：

$$\dot{w}_d = k_3 \exp(-k_4/T) \tag{7-8}$$

3. 刀具前刀面总黏结破损量模型

在实际硬质合金刀具切削高强度钢 2.25Cr1Mo0.25V 的过程中，刀具的黏结破损和扩散磨损常伴随着彼此的产生而存在。黏结破损的出现，说明刀具和切屑的接触达到一定的程度，加上热的或者力的条件，从而产生的破损现象。此时，元素很有可能在接触区域发生了扩散。为了计算方便和计算的合理性，建立了一个同时考虑黏结破损和扩散破损的复合破损模型，用来分析和预测刀具前刀面破损形貌的轮廓。对黏结磨损与黏结破损之间的关系进行研究和分析，向黏结破损与扩散磨损靠近，继而使用黏结磨损的模型。在难加工材料的高速车削过程中，硬质合金刀具主要失效形式为前刀面破损，这种刀具的主要磨损机理为扩散磨损和黏结破损。

由于黏结破损和扩散破损在刀具发生破损过程中同时发生，相互作用的，因此总破损率应该是黏结破损率和扩散破损率两者之和：

$$\dot{w} = k_1 \sigma_n V_s \exp\left(-\frac{k_2}{T}\right) + k_3 \exp\left(-\frac{k_4}{T}\right) \tag{7-9}$$

式中，k_1、k_2、k_3 和 k_4 为取决于刀具工件材料和切削条件的常系数。

7.3.2　黏结破损预报模型系数的拟合

在切削试验过程中，正交切削条件保证了破损长度场沿切削刃稳定分布，为了测量和计算的方便，对三维破损体积简化成二维轮廓曲线进行分析。对切削后的试验刀具进行测量，对距切削刃不同距离的破损深度进行测量，将数据进行记录，每隔一定距离测量一次。为完善试验数据，求其破损深度的最大值，为了方便对模型系数的求取，试验测量的轮廓并不光滑，轮廓上分布一些凸起点。这是由于在黏结破损中，材料的剪切发生在交界面的两侧，当剪切发生在切屑材料上时，切屑材料将被黏结在刀具表面形成凸起点。而总破损模型考虑理想的黏结破损和扩散破损状态，并使用模拟的切削过程变量，因此获得了光滑的凹坑破损轮廓，并绘制成图形，如图 7-24 所示。

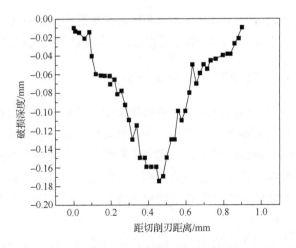

图 7-24　破损轮廓试验测量结果

图 7-24 中不同点所表示的破损深度值不同，进而可得不同距离对应的破损深度值，同时也可以通过滑动速度公式求其速度值和应力公式求其应力值，使用仿真软件求出距切削刃不同距离的温度值，将其使用到预报模型中，如图 7-25 所示。如果各个离散点间的间距 Δx 足够小，凹坑的二维轮廓将被完整地预测出来。假定刀-屑交界面上的 T、σ_n 和 V_s 随时间无变化，即为常值，在相对较短的切削时间内，对于单个离散点来说，破损率不变。

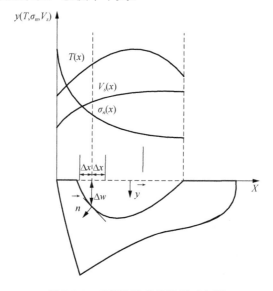

图 7-25　刀具黏结破损模型示意图

通过前面所得到的数据来求取刀具黏结破损模型中的系数 k_1、k_2、k_3 和 k_4 的值，切削速度 V_c=160m/min，切削时间为 20s，车削试验被选择作为拟合试验。

7.3.3　黏结破损预报模型计算结果与分析

本节将使用回归分析的方法拟合破损模型中的系数。回归分析是确定两种或两种以上变量间相互依赖定量关系的一种统计分析方法。它是通过规定因变量和自变量来确定变量之间的因果关系，建立回归模型，并根据实测数据来求解模型的各个参数，并根据自变量作进一步预测。式中已经根据刀具前刀面破损机理给出了回归方程，对试验和模型中获得的参数进行多元非线性回归分析，即可求解方程中的系数 k_1、k_2、k_3 和 k_4。

求取距切削刃不同距离的应力、温度、相对滑移速度和破损深度，其数据如表 7-1 所示，并对其计算可以得到下面的方程。

表 7-1　试验数据

距离 L/mm	深度 H/mm	应力 σ_n/MPa	相对滑移速度 V_s/（m/s）	温度 T/℃
0.1	0.04	1353	0.74	710
0.3	0.10	571	1.02	830
0.5	0.18	169.2	1.3	900
0.7	0.08	21.1	1.3	815

将得到的数据带入式（7-9）中，使用 MATLAB 软件编制多元非线性回归分析程序，使用回归分析中的最小二乘法求解，获得系数的分析结果。

$$\begin{cases} 1001.2k_1\exp\left(-k_2/710\right)+k_3\exp\left(-k_4/710\right)=40 \\ 582.4k_1\exp\left(-k_2/830\right)+k_3\exp\left(-k_4/830\right)=100 \\ 219.96k_1\exp\left(-k_2/900\right)+k_3\exp\left(-k_4/900\right)=180 \\ 27.43k_1\exp\left(-k_2/815\right)+k_3\exp\left(-k_4/815\right)=80 \end{cases} \quad (7\text{-}10)$$

$$\dot{w}=0.001438\sigma_nV_s\exp\left(1770.7/T\right)+402968\exp\left(-6951.1/T\right) \quad (7\text{-}11)$$

将温度和应力作为边界条件带入式（7-11）中，由所得到的模型进行可视化得到图 7-26。

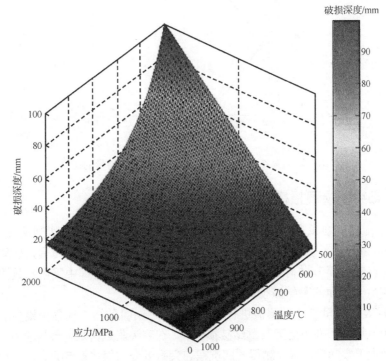

图 7-26　刀具黏结破损深度可视化

在相同切深和相同进给量的情况下，采用不同的切削速度可以得到刀具的破损深度是不同的，随着速度的增加，破损的深度也在不断地增加，由此可知，根据式（7-11）拟合出来的结果，刀具产生黏结破损深度与元素扩散有很大的关系，将计算结果百分比可以看出黏结破损和扩散磨损各自占有的比例，如图7-27所示，其中，在整个刀-屑接触长度内扩散磨损起到了主要的作用。在刀尖附近，扩散作用导致的磨损低于黏结破损，在刚黏结的时候，由于温度还没有达到很高，元素扩散还不是很剧烈，刀尖处受到的压力非常大，容易造成刀具材料和切屑材料的黏结，导致黏结破损的发生，而随着法向应力逐渐较大，刀具和切屑相对滑动，增大了黏结破损发生的可能性。致使其在刀尖处黏结破损高于黏结磨损，随着距刀尖距离的不断增加和温度的逐渐升高，当刀-屑接触区域达到一定温度，元素的热激活能不断被激活，扩散的程度越来越大，由扩散导致的扩散磨损在逐渐增加，和由元素扩散使刀具产生裂纹致使刀具发生黏结破损的程度也在增加，但是由于压应力随着不同距离的减少，之后黏结破损逐渐减小，到刀-屑分离点，扩散磨损几乎成为唯一的破损机理[14]。

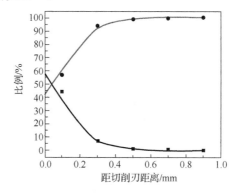

图 7-27　黏结破损和扩散磨损占总黏结破损量的比例

7.3.4　黏结破损预报模型的验证

进行高速车削试验，采用外圆切削方式，切削参数为：切削速度 V=80～120m/min，进给量为 0.2mm/r，切削深度为 2mm，试验所用的刀具为硬质合金刀具 YG8，材料为筒节材料 2.25Cr1Mo0.25V，切削试验的过程中采用超景深显微镜观察并测量前刀面的黏结破损深度。

图 7-28 对测量值和预测值进行了比较，结果表明黏结破损预报模型能够大致预测出相似切削条件下的刀具黏结破损轮廓。在刀尖附近区域，预测的刀具黏结破损深度稍大于实际值。试验测得的凹坑在刀尖附近分布很多凸起点，这是由于刀尖

附近较高的压力导致了黏结破损的发生，这些黏结材料阻碍了扩散破损的进行，因此减小了刀具破损的深度。然而，黏结破损预报模型基本能够预测刀具黏结破损最大深度值和最大深度处对应的位置。尽管黏结破损预报模型中的过程变量是通过仿真和模型计算所得，这为黏结破损预报模型的分析增加了不确定性，但是本章建立的凹坑黏结破损预报模型还是基本能够预测出硬质合金刀具在普通速度下切削碳钢时凹坑形成初期的破损轮廓。使用黏结破损预报模型对其进行验证，与实际切削的破损深度大致符合，说明黏结破损预报模型适合对刀具黏结破损深度的预报。

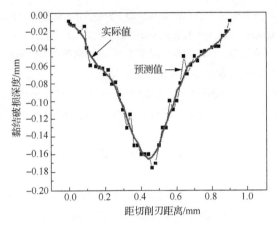

图 7-28　破损深度的验证

7.4　本　章　小　结

（1）刀-屑间发生的黏焊主要是工件材料中亲铁元素向硬质合金刀具中的黏结相扩散造成的。当工件材料中亲铁元素向刀具材料中扩散深度达到 $0.5\sim1\mu m$，且元素扩散后浓度为元素初始浓度一半时，将发生刀-屑黏焊，并建立了黏焊破损预报模型。

（2）刀-屑黏焊产生后，刀具表面会形成黏焊。在应力梯度和温度梯度的综合作用下，前刀面黏焊层内部的裂纹产生并沿着等效应力的方向扩展，裂纹扩展到一定程度后失控使得刀具材料被切屑剥落，裂纹最终的失控使得刀具材料被撕裂破断，这是黏结破损产生的标志。

（3）建立了同时考虑黏结破损和扩散磨损的黏结破损预报模型，对硬质合金刀具的黏结破损深度进行预报。

参 考 文 献

[1] Li Z , Zheng M L , Zhu C H , et al. Experimental study on cutting tool sticking failure for stainless steel 1Cr18Ni9Ti[J]. Advanced Materials Research, 2012, 500: 205-210.

[2] 韦文竹, 高原, 张维, 等. 钨、钼、镝等离子共渗时镝的扩散行为及机理[J]. 机械工程材料,2015,39(5): 63-66, 72.

[3] Li Z , Zheng M L , Chen X Z , et al. Research on sticking failure characteristics of cemented carbide blade[J]. Advanced Materials Research, 2012, 500: 211-217.

[4] 郭浩, 刘玉高, 李光福, 等. 循环载荷作用下 X70 管线钢在近中性溶液中应力腐蚀裂纹的扩展行为[J]. 机械工程材料, 2009, 33(4): 39-42.

[5] 郭圣达, 张正富. WC-Co 类硬质合金疲劳特性研究现状[J].材料导报,2009,23(11):69-72.

[6] 程超. 切削筒节材料过程中刀具力热特性与裂纹扩展行为研究[D]. 哈尔滨: 哈尔滨理工大学, 2018.

[7] 童国权, 王尔德, 何绍元. WC-20 硬质合金断裂初性的一种测定方法和断裂模式研究[J]. 粉末冶金技术, 1995, 13(1): 38-42.

[8] 刘寿荣, 刘宜. 硬质合金断裂初性评估[J].机械工程材料, 1997, 21(1): 32-34.

[9] Fan Y, Zheng M, Li Z, et al. Cutting performance of cemented carbide tool in high-efficiency turning Ti6Al4V[J]. Key Engineering Materials, 2012,522: 231-235.

[10] 李哲.硬质合金刀具切削高强度钢力热特性及粘结破损机理研究[D]. 哈尔滨: 哈尔滨理工大学, 2013.

[11] Li Z, Jiang B, Xu H X, et al. Study of 1Cr18Ni9Ti material properties in cutting process[J]. Advanced Materials Research, 2012, 500: 218-222.

[12] 何光春. 基于 FEM 的纳米 TiN 改性金属陶瓷刀具的切削性能研究[J]. 组合机床与自动化加工技术, 2011, 62(6): 94-97.

[13] 姜增辉, 宋亚洲, 贾民飞. 基于 Usui 模型的硬质合金刀具切削高强度钢磨损仿真研究[J]. 制造技术与机床, 2019, 683(5): 121-124, 130.

[14] 范依航. 高效切削钛合金 Ti6Al4V 刀具磨损特性及切削性能研究[D]. 哈尔滨: 哈尔滨理工大学, 2011.